RATGEBER ALLERGIEN

atja Wald

ANNETTE DRAGU

Tierischer JUCKREIZ

Allergien bei Hunden
verstehen und behandeln.

Minerva Verlag

IMPRESSUM

Der Verlag weist ausdrücklich darauf hin, dass im Text gegebenenfalls enthaltene externe Links vom Verlag nur bis zum Zeitpunkt der Buchveröffentlichung angesehen werden konnten. Auf spätere Veränderungen hat der Verlag keinerlei Einfluss. Eine Haftung ist daher von Verlagsseite ausgeschlossen.

Haftungsausschluss: Die Benutzung dieses Buchs und die Umsetzung der darin enthaltenen Informationen erfolgt ausdrücklich auf eigenes Risiko. Der Verlag und die Autorin können für etwaige Schäden jeder Art, die sich bei der Umsetzung von im Buch beschriebenen Vorgehensweisen ergeben, aus keinem Rechtsgrund eine Haftung übernehmen. Rechts- und Schadensersatzansprüche sind ausgeschlossen. Das Werk inklusive aller Inhalte wurde unter größter Sorgfalt erarbeitet. Dennoch können Druckfehler und Falschinformationen nicht vollständig ausgeschlossen werden. Der Verlag und die Autorin übernehmen keine Haftung für die Aktualität, Richtigkeit und Vollständigkeit der Buchinhalte, ebenso nicht für Druckfehler. Es kann keine juristische Verantwortung sowie Haftung in irgendeiner Form für fehlerhafte Angaben und daraus entstandene Folgen übernommen werden. Im Zweifel konsultieren Sie bitte einen Tierarzt.

Bibliografische Information der Deutschen Nationalbibliothek
Die Deutsche Nationalbibliothek verzeichnet diese Publikation in der Deutschen Nationalbibliografie; detaillierte bibliografische Daten sind im Internet über http://dnb.dnb.de abrufbar.

Monschauer Str. 2 | D- 41068 Mönchengladbach
E-Mail: info@minervaverlag.de | Internet: www.minervaverlag.de, Shop: www.minervastore.de

Design und Layout: Paula Walkenhorst
Umschlaggestaltung: Minerva kreativ, unter Verwendung der folgenden Fotos:
Adobe Stock/Przemyslaw Iciak (Front), kisscsanad (Back)

ISBN 978-3-910503-10-6

2. komplett überarbeitete Neuauflage 2023

Inhalt

Tierischer Juckreiz

Vorwort

Als ich Anfang 2017 erstmals ein Online-Seminar zum Thema Allergien bei Hunden vorbereitete, war mir noch nicht klar, wie dringend betroffene Hundehalter Hilfe und Informationen suchen. Zu meiner Überraschung gab es bisher kaum nennenswerte Literatur für Tierbesitzer zum Thema – dabei kursieren Zahlen, dass bis zu 30 Prozent aller Hunde unter Allergien leiden. Schrie das nicht förmlich nach einem Ratgeber?

Ich wollte schon immer ein Buch schreiben. Also begann ich, mein für das Webinar aufgefrischtes und erweitertes Allergie-Wissen in lesbare Form zu bringen. Anfangs hätte ich nicht drauf gewettet, dass ich das Werk jemals zu Ende bringe. Aber es entwickelte sich! Nachdem ich die ersten Kapitel als lesbar befand, bat ich zwei Freundinnen vom Fach, das Lektorat zu übernehmen. Von da an sah ich mich in der Pflicht, das Ziel zu erreichen, und traute mich schließlich, das Buch von „Tierischer Juckreiz – Allergien bei Hunden verstehen und behandeln" im Selbstverlag zu veröffentlichen.

Zu meiner großen Freude bekam mein Erstlingswerk in vielen Zeitschriften sehr positive Rezensionen und wurde in vielen Blogs, in sozialen Medien und Podcasts erwähnt. Auf den großen Online-Verkaufsplattformen mehrten sich die guten Bewertungen. Immer mehr betroffene Hundehalter entdeckten mein Buch und empfahlen es weiter. Aufgrund von vielfachem Feedback weiß ich, dass es vielen eine große Hilfe bot. Da – natürlich – darüber hinaus der Beratungsbedarf groß war und ist, startete ich mit dem Angebot der Therapiebegleitung aus der Ferne, das von Tierbesitzern aus aller Welt genutzt wird. Auch begann ich, Fortbildungen für andere Tierheilpraktiker, Tierernährungsberater und weitere tierisch Tätige anzubieten. Mehrere hundert Frauen und Männer vom Fach haben inzwischen meine Allergie-Kurse besucht und sich auf die Behandlung von vierbeinigen Allergikern und die Beratung ihrer Menschen spezialisiert. Weitere Schulungen sind bereits terminiert.

Ich liebe es, Seminare vorzubereiten. Zwingt mich jede Veranstaltung doch, mich erneut mit der Materie auseinanderzusetzen, mein Wissen aufzufrischen, in Details tiefer einzusteigen. Vor jeder neuen Allergie-Fortbildung sichte ich meine gesammelten Notizen zu neuen Erkenntnissen und aktuellen Studien.

Die Medizin entwickelt sich ständig weiter, das Wissen um allergische Erkrankungen wächst und wächst, und mit den Themen Immunsystem und Darm beschäftigen sich mehr Wissenschaftler als je zuvor. Deswegen beschloss ich Anfang 2023, dass es Zeit für eine komplett überarbeitete Neuauflage von „Tierischer Juckreiz – Allergien bei Hunden verstehen und behandeln" ist. Ich freue mich, dass diese im Minerva-Verlag erscheint, der schon „Kräuter statt Tierarzt" mit mir umgesetzt hat. Und ich hoffe, dass mein Buch vielen Leserinnen und Lesern zu einem besseren Leben mit ihren Hunden verhilft – trotz Allergie.

Ihre Annette Dragun

Adobe Stock/ Lannaav,

1. Das Immunsystem

Gleich zu Anfang der trockene Teil, die blanke Theorie? Lass dich nicht verschrecken. Es braucht ein wenig Grundwissen über die Funktion des Immunsystems, um die Problematik Allergie zu verstehen. Und du wirst sehen: Die Materie ist gar nicht anstrengend und schon gar nicht langweilig. Was in unserem Körper los ist, kann man als mega spannend betrachten, und deswegen will ich auch versuchen, dir die Vorgänge verständlich und unterhaltsam zu servieren. Dabei gehe ich nicht mehr als nötig ins Detail - versprochen! (Das ist reiner Selbstschutz... Man kann über das Immunsystem mehrbändige Bücher verfassen, aber ich will ja hier über Allergien schreiben!)

Die äußere Abwehr

Täglich, nein, sekündlich, wird unser Körper mit den verschiedensten Stoffen konfrontiert. Wir atmen Gase oder Bakterienschwärme oder Pollen ein und Viren. Auf unsere Haut treffen Flüssigkeiten, Pflegemittel, Staub, Schmutz. Mit dem Mund nehmen wir

Nahrung auf, und mit ihr Vitamine und Mineralien, doch trägt sie auch Keime und Chemikalien mit sich. Vielleicht nehmen wir Medikamente oder Nahrungsergänzung ein. Unzählige Substanzen suchen und viele finden den Weg in unseren Körper. Doch nicht alle sind gut für uns. Und damit startet der Krimi.

Unser körpereigener Schutz beginnt außen. Unsere Haut zum Beispiel hat ihren pH-Wert nicht zum Spaß. Der liegt bei 5,4 bis 5,9 und gilt daher als leicht sauer. Schon mal den Begriff Säureschutzmantel gehört? Der hilft, schädliche Mikroorganismen und negative Umwelteinflüsse abzuwehren, und damit die Haut vor Infektionen, Reizungen und Austrocknung zu schützen. Viele Bakterien und Hautpilze werden schon beim ersten Kontakt abgeschreckt oder eliminiert. Bei jedem Waschen mit Seife wird übrigens der pH-Wert auf bis zu 9 angehoben, also in den basischen oder alkalischen Bereich, und da ist logischerweise vom Säureschutz nichts mehr übrig.

Das gilt nicht nur für unsere Haut, sondern auch für die unserer Hunde (deren pH-Wert bei 7,5 liegt, ergänzend haben sie ein schützendes Fell). Wer bisher meinte, seinem vierbeinigen Liebling tue ein wöchentliches Bad gut, möchte jetzt vielleicht seine Meinung ändern. Faustregel von mir, der Tierheilpraktikerin deines Vertrauens: Ein gesunder Hund braucht kein Bad. Außer, er hat sich in Sch... Tschuldigung, in etwas Ekligem, Stinkendem, Schleimigen gewälzt und möchte auf die Couch. Zum Thema medizinische Shampoos kommen wir später noch. Und bevor jetzt Hysterie ausbricht: Die Haut regeneriert ihren pH-Wert innerhalb von Minuten bis wenigen Stunden - solange sie gesund ist.

Zurück zur Abwehr. Weitere äußere Barrieren, die als Abfangjäger alles Schädliche von uns fernhalten sollen, sind die Nasenhaare und die Flimmerhärchen der Bronchien. Erstere halten grobere Partikel in der Atemluft (z.B. Staub, Insekten) schon im Naseneingang zurück. Die Kollegen im Bronchialtrakt bilden ebenfalls eine Partikelsperre, zusätzlich transportieren sie unerwünschte Teilchen sanft und kompromisslos nach draußen. Die nächste wachhabende Instanz bildet die Schleimhaut. Im gesunden Zustand liegt ihr pH-Wert zwischen 5,5 und 6,5, und derart sauer ist sie ebenfalls allzeit bereit, potenziellen Krankheitserregern die Laune zu verderben. Das saure Milieu hält die Keimzahl gering: Nicht nur Pilze und Bakterien mögen es lieber neutral oder leicht basisch, auch Viren fällt in nicht-saurer Atmosphäre das Andocken und Eindringen in die Zellmembran leichter.

Sauer 1: Lebensmittel werden seit Jahrhunderten sauer eingelegt, um sie haltbar zu machen und Keime abzuwehren.

Sauer 2: Moderne Hände-Desinfektionsmittel senken gezielt den pH-Wert der Haut, um säureempfindliche Viren und Bakterien zu vergrämen.

Der böse Bube, der es via Nahrung oder durch Tröpfcheninfektion (wenn man sich z.B. anniesen lässt - igitt) an der Mundschleimhaut vorbei bis in den Magen schafft, hat erst richtig den Schwarzen Peter gezogen. Denn hier trifft der Immigrant auf einen dickflüssigen Schleim, der einen gehörigen Teil an Salzsäure enthält und damit den pH-Wert im nüchternen Zustand auf nahezu 0 drückt. Ganz schlechte Umweltbedingungen für Bakterien und Viren...

Die Rolle des Darms

Hat ein Erreger es glücklich durch die vorherigen Fallen bis in den Darm geschafft, erwartet ihn die nächste Herausforderung. Hier wird allerdings nicht

AdobeStock /

mit Säure gearbeitet.
Auch der Darm gehört zur äußeren Abwehr. Das hört sich seltsam an, weil ja der Darm irgendwie innen ist. Er hat aber eine gute Anbindung zur Außenwelt, nämlich oben durch Magen, Speiseröhre und Mund, und unten durch Enddarm und Anus. Außerdem stellt er eine kontrollierende Instanz für die Aufnahme von Stoffen in den (innenliegenden) Blutkreislauf dar, und ist damit eben doch noch eines der äußeren Schutzschilder.

Erst in den letzten Jahrzehnten ist der Darm mit seiner wichtigen Rolle für das Immunsystem in den Fokus gerückt, wenn es um das Thema der körpereigenen Abwehr geht. Davor war es irgendwie nicht hip, seine wichtige Rolle zu würdigen. Das liegt einerseits an den Fortschritten in der Immunologie, andererseits ist ein deutlicher Zeitgeist-Wandel zu beobachten: Natürliche Heilmethoden wurden so beliebt, dass sich sogar ganz normale Menschen mit der alternativen Medizin angefreundet haben. Blicken wir mal zurück: Bis gegen Ende des 20. Jahrhunderts war das Vertrauen in den Schulmediziner grenzenlos, und seine Arbeit nach dem Kontraritätsprinzip - mit Antibiotika, Antiphlogistika, Antispasmolytika... - wurde kaum in Frage gestellt. Doch immer mehr Patienten (allen voran viele chronisch Kranke) erkannten die Notwendigkeit, die Lebenskraft und damit das Immunsystem zu stärken, anstatt um den Preis von Kollateralschäden Krankheitserreger zu vernichten. Plötzlich wurden Nebenwirkungen wahrgenommen, und nach und nach verstanden Hinz und Kunz, dass ein Antibiotikum nicht nur die bösen Bakterien vernichtet, sondern dass bei seinem Einsatz auch viele gute Helferlein über die Wupper gehen - und zwar vor allem im Darm.

Das darmassoziierte Immunsystem stellt bis zu 80 Prozent aller antikörperproduzierenden Zellen bereit. Es sitzt in der Darmschleimhaut und ist Teil des lymphatischen Systems. Es erkennt, markiert und vernichtet Keime und Fremdstoffe. Geschützt wird die Darmschleimhaut von der Armee des Mikrobioms. Es besteht aus gigantischen Bakterienstämmen. Milliarden von guten Bakterien erfüllen viele wichtige Aufgaben: Sie produzieren Verdauungsenzyme für die Nahrungsverwertung, sie helfen bei der Herstellung von Vitaminen sowie beim Transport dieser und anderer Nährstoffe ins Blut, sie informieren das Immunsystem über Eindringlinge. Auch kontrollieren sie die Vermehrung von pathogenen Darmbakterien, deren Vorhandensein wichtig für das Training des Immunsystems ist. Das darmassoziierte Immunsystem lernt schon früh, die guten Bakterien wie auch unschädliche Nahrungsmittelbestandteile zu tolerieren.

AdobeStock: Madeleine, OlgaOvcharenko

Leider nehmen Darmschädigungen bei Hunden zu. Meine Kolleginnen und ich müssen immer mehr Tieren wegen chronischer oder wiederkehrender Durchfälle helfen, die sehr therapieresistent sind. Häufige Ursache: Eine Dysbiose, also eine fehlerhafte Zusammensetzung des Darm-Mikrobioms. Diese kann zum Beispiel durch antibiotische Behandlungen ausgelöst werden, aber auch durch Futter, Stress und Infektionen. Breiten sich Entzündungen ungehindert aus, kommt es früher oder später zum Leaky Gut, der löchrigen Darmschleimhaut.

Die Darmschleimhaut mit dem hier angesiedelten Teil des Immunsystems ist sozusagen die Grenzkontrolle, die über ein Rein oder Raus entscheidet. Im gesunden Zustand lässt sie alle lebenswichtigen Nährstoffe in den Körper, und dazu nur so viele Störenfriede, dass das innere Immunsystem ausreichend Sparringspartner fürs tägliche Training hat. Ist die Darmbarriere aber beschädigt, überschreiten zu viele unerwünschte Mikroorganismen und Antigene die Grenze ins Körperinnere – der nächste Schauplatz unseres Doku-Dramas über die Abwehr.

Die innere Abwehr

In unserem Körper toben pausenlos unzählige Schlachten. Und normalerweise merken wir davon überhaupt nichts! Unsere innere Abwehr ist eine potente Streitmacht zum Schutz unserer Gesundheit. Viele verschiedene Organe und Gewebe kümmern sich um die allgemeine Abwehr, andere haben sich spezialisiert. Dabei greifen alle Mechanismen ineinander und unterstützen sich gegenseitig dabei, die potenziellen Schädlinge zu vernichten, die es durch die äußeren Schutzschilder ins Leibesinnere geschafft haben.
Dort ist es warm und gemütlich, und so fühlen sich bei kuscheligen 38 bis 38,5 Grad Celsius (die normale Körpertemperatur des Hundes) nicht nur gesunde Zellen wohl, auch potenzielle Krankheitserreger und Parasiten haben sich an diese Temperatur angepasst und richten sich hier ein. Zumindest versuchen sie es, denn jetzt kommt sie: Die Armee der weißen Blutkörperchen!
Ihre Soldaten lauern im Blut und in der Lymphflüssigkeit auf alles, was ihrem Organismus Schaden zufügen könnte. Fresszellen und Killerzellen vernichten, was als feindlich identifiziert wurde: Bakterien und Viren, Tumorzellen und Toxine, Würmer, Pilze und Protozoen. Spezial-Kräfte spüren ihnen bekannte Gegner auf, deren Struktur sie sich bei einem früheren Angriff ins Gedächtnis eingeprägt haben. Es herrscht unablässig ein mörderischer Kampf um die Gesundheit.

Aber der Reihe nach: Die Leukozyten, die weißen Blutkörperchen, werden auch Fresszellen oder Phagozyten genannt. Gebildet werden sie im Knochenmark, von dort aus gehen sie in unterschiedliche Schulen. Ihre Ausbildung findet im Lymphsystem, im Knochenmark, in Thymus, Milz und Mandeln statt, und hier entwickeln sie sich zu Zellen mit unterschiedlicher Funktion und Gestalt.

Weiße Blutkörperchen machen für den Organismus unverträgliche Stoffe bzw. Krankheitserreger unschädlich. Auf der einen Seite arbeitet die unspezifische Abwehr mit den Phagozyten, den Fresszellen. Sie nehmen Fremdmaterial auf und vernichten es. Auf der anderen Seite kämpft die spezifische Abwehr, die spezialisierte Einsatzgruppe des Immunsystems, nämlich die Lymphozyten. Nach einer Stimulation produzieren sie gegen bestimmte Feinde (die sogenannten Antigene) gerichtete Antikörper, die Immunglobuline. Sie merken sich die Beschaffenheit einzelner, potenziell gefährlicher Erreger durch ihre Gedächtniszellen über sehr lange Zeit und bieten damit langjährigen Schutz. Diese Fähigkeit macht man sich in der Medizin zum Beispiel bei Impfungen zu Nutze.

AdobeStock: Наталья Анюхина

Diese spezifische Abwehr mit ihrem Elefanten-Gedächtnis ist mal eine feine Sache, oder? Leider ist so ein Immunsystem vor Irrtümern nicht geschützt, und in diesem Fall können die Gedächtniszellen eher nervig sein. Und schon sind wir mitten im Thema Allergie.

AdobeStock: slobodan

2. Allergie - Was ist das?

Das körpereigene Abwehrsystem muss sich mit vielen Angreifern plagen: Bakterien und Viren, Tumorzellen und Toxine (Gifte), Würmer, Pilze und Protozoen (Einzeller). Aber in den Körper treten ja, was ebenfalls schon besprochen wurde, viel mehr Stoffe ein. So ein Lebewesen wie der Hund, um den es hier geht, kommt tagtäglich in Kontakt mit tausenden unterschiedlichen Substanzen.

Von klein auf lernt das Immunsystem, zwischen guten und schlechten Stoffen zu unterscheiden. Versagt dieser komplexe Schutzschild, kommt es zur Gesundheitsstörung oder Krankheit. Das ist schon bei einer kleinen Entzündung der Fall, etwa wenn sich Bello die Pfote verletzt und dort Bakterien eintreten. Nun hört sich Krankheit und Entzündung vielleicht schlimm an. In Wirklichkeit aber handelt es sich dabei um effektive Abwehrmechanismen.
Eine Entzündung verursacht Hitze. Die erhöhte Körpertemperatur, das Fieber, kann man als eine generalisierte Entzündungsreaktion betrachten. Ein toller

Selbstschutz! Denn wie wir schon erfahren haben, fühlen sich auf Hunde spezialisierte Krankheitserreger bei normalen 38 bis 38,5 Grad pudelwohl. Wenn sie aber massiv in den Körper eindringen oder sich hier vermehren, dann setzt sein Immunsystem Hitze dagegen und macht es den Eindringlingen sehr, sehr ungemütlich. Ein guter Grund, warum man nicht gleich bei einer leicht erhöhten Temperatur mit Fiebersenkern arbeiten sollte. Damit untergräbt man die Arbeit des Immunsystems - und nimmt ihm eine wichtige Trainingseinheit.

Zurück zu den unterschiedlichen Angreifern. Ein funktionierendes Immunsystem weiß, wann es tätig werden muss. Es nutzt seine Kraft bei einem Angriff via Tröpfcheninfektion von krankmachenden Viren, doch es bleibt ruhig und entspannt, wenn Bello an einer Blüte schnuppert und ein paar Pollen in die Nase bekommt. Frisst Bello frisches Fleisch, wird dieses korrekt verdaut und das darmassoziierte Immunsystem freut sich über ein Stück Lebenskraft. Nimmt der Hund aber etwas Verdorbenes zu sich oder gar Gift, schrillen die Alarmglocken und die Abwehrarmee in Darm und Blut startet durch.

Soweit der Idealfall. Bei einer Allergie geht etwas gründlich schief. Eine Allergie heißt nichts anderes als eine Überreaktion des Immunsystems. Ausführlicher: Eine überschießende krankhafte Abwehrreaktion des Immunsystems auf bestimmte, normalerweise harmlose Umweltstoffe. Hier handelt es sich um von außen kommende Stoffe. Es gibt noch die Variante, dass der Körper auf eigene Stoffe reagiert - das ist die Autoimmunreaktion.

Bei Eintritt von körperfremden Erregern, den Antigenen, schüttet das Immunsystem spezielle Antikörper aus, die schon kurz angesprochenen Immunglobuline (Ig). Ein stark spezialisiertes Immunglobulin ist das IgE. Es spielt bei der Abwehr von Wurminfektionen eine Rolle - und bei Allergien. Obwohl es nur einen winzigen Bruchteil aller Immunglobuline ausmacht, ist das IgE bei über 90 Prozent aller allergischen Prozesse beteiligt. Zu finden ist es vor allem in der Haut und in den Schleimhäuten. Wenn hier die Allergene mit dem IgE in Berührung kommen, manipuliert es die Funktion verschiedener lokaler Zellen, was zur Ausschüttung von Botenstoffen führt, die eine Entzündungsreaktion hervorrufen. Der bekannteste dieser sogenannten Mediatoren ist das Histamin. Du hast sicher schon einmal von Anti-Histaminika gehört: Diese Medikamente blockieren die Produktion des Histamins und werden deswegen häufig bei (menschlichen) Allergikern eingesetzt.

Allergie-Typen nach Reaktionszeit

Wir hatten einen schönen Spaziergang gemacht im Campo auf Mallorca, in unbebautem, verwildertem Land. Früh am Morgen, bevor die Sommerhitze Mensch und Tier lähmt, ließen wir unsere Hunde ganz sie selbst sein. Weitab von Straßen und Menschenmengen durften sie frei rennen und ausgiebig schnüffeln. Auf dem Weg nach Hause saß Naddel auf meinem Schoß (natürlich auf dem Beifahrersitz) und plötzlich fiel mir auf, wie unruhig sie war. Ständig rieb sie sich mit den Pfoten im Gesicht. Ich sah sie an - Schockschwerenot! Ihr Gesicht war aufgedunsen, sie konnte kaum aus den Augen schauen, die sonst schmale Nase ähnelte der eines Rottweilers.

Ganz offensichtlich litt das Naddelchen unter einer allergischen Sofortreaktion, einer **Typ-I-Allergie**. Ob meine Dackelmixdame mit einer unangenehmen Pflanze in Berührung kam oder ob ein stechendes Insekt für ihr Aussehen verantwortlich war, werden wir wohl nie erfahren. Ich versorgte sie zu Hause sofort homöopathisch und achtete darauf, ob die Schwellung sich auf die Atemwege ausbreitete. In diesem Fall wäre ich sofort zur nur wenige Minuten entfernten Tierklinik durchgestartet. Immerhin droht Erstickungsgefahr. Aber Naddels Gesicht schwoll glücklicherweise fast so schnell ab, wie es dick geworden war (ich hatte so gerade Zeit, das Foto zu machen), und ihr Allgemeinbefinden war völlig unbeeinträchtigt. Einzig ein leichtes Doppelkinn erinnerte noch einige Tage lang an das Vorkommnis - irgendwo muss die Lymphflüssigkeit ja hin.

Die Typ-I-Allergie ist bekannt als Folge eines Insektenstichs, von Schlangen- oder Pflanzengiften. Auch Pollen und Milben verursachen eine Allergie vom Soforttyp, sowie (meistens) Nahrungsmittel und Schimmelpilze. Bei der Typ-I-Allergie lassen die Mediatoren die Symptome innerhalb von Sekunden bis wenigen Minuten aufblühen. Die schnellste allergische Reaktion ist übrigens der anaphylaktische Schock.
Bei den Allergien vom Typ II und III kommt es erst verzögert, meist innerhalb mehrerer Stunden, zu einer Reaktion, und hier sind vermehrt IgG- und IgM-Antikörper beteiligt.

Die **Typ-IV-Allergie** schließlich tritt frühestens nach 12 Stunden auf, es kann aber auch bis zu drei Tage dauern, bis sich Symptome manifestieren. Nicht nur der lange Zeitraum bis zum Auftauchen der Symptome erschwert die Diagnostik. Dass es gemischte Allergien gibt, macht es auch nicht leichter.

Die meisten Allergien beim Hund gehören zum IgE-vermittelten Typ I, es treten also Symptome unmittelbar nach Kontakt mit dem Allergen auf. Einige Nahrungsmittel-, Schimmelpilz- und Arzneimittel-Allergien zählen zu Typ IV.

Egal um welchen Typ es sich handelt:
Voraussetzung für die Entstehung von Symptomen ist immer die vorangegangene Sensibilisierung. Hierbei handelt es sich im Prinzip um das Kennenlernen des auslösenden Stoffes, wobei es noch nicht zu Beschwerden kommt. Jede Substanz wird bei Erstkontakt von den Soldaten der Immunabwehr in gut oder böse eingeordnet. Warum in manchen Fällen bei diesem ersten Zusammentreffen (oder später) der eigentlich harmlose Stoff als potenziell gefährlich eingestuft wird, dazu kursieren viele Theorien, aber keine gesicherten Erkenntnisse. Dieses Unwissen ist sicherlich der Hauptgrund dafür, dass es bis heute keinen Schutz und kaum wirksame Therapieansätze gibt. Jedenfalls wird bei der Einordnung in die Gruppe der bedrohlichen Stoffe das immunologische Gedächtnis angewiesen, sich bitteschön gut zu merken, dass diese Birkenpolle oder Futtermilbe hier im Organismus nichts zu suchen hat. Wenn der Fremdling dann das nächste Mal die Türsteher passieren will, gibt es fürchterlich eins auf den Deckel.

Allergiearten beim Hund

Wie viele Hunde heutzutage an Allergien leiden, darüber gibt es keine verlässliche Auskunft. Aus dem Jahr 2010 gibt es eine Untersuchung, nach der rund 5 Prozent der Vierbeiner an einer Überempfindlichkeitsreaktion des Immunsystems auf verschiedenste körperfremde Substanzen leiden. In manchen Artikeln liest man aktuell, dass sogar jeder fünfte Hund betroffen ist. Wie auch immer - in den Kleintierpraxen und -kliniken und auch bei uns Tierheilpraktikern gehören Allergiker als Patienten zum Alltag.
Hier hat man im Wesentlichen mit drei Allergiearten zu tun:

- **Atopie = Allergie auf Umwelteinflüsse**
- **Flohbissallergie**
- **Futtermittelallergie (alimentäre Allergie)**

Was die Häufigkeit angeht, stand früher die Flohbissallergie deutlich an erster Stelle. Nach meiner Beobachtung hat sich das verschoben. Durch verstärkte Hygienemaßnahmen und die inflationäre Anwendung von Parasitenschutz-Präparaten sind weniger Hunde von Flöhen befallen als früher, was auch den Anteil dieser Allergie reduziert. Gleichzeitig bemerke ich in der Praxis der letzten Jahre einen enormen Anstieg von Futterallergikern.
Es gibt noch die Kontakt- und die Arzneimittelallergie. Diese sind aber eher selten und lassen sich meist durch Vermeidung der Allergieauslöser gut kontrollieren. Gelegentlich wird im großen Zusammenhang noch die Überempfindlichkeit gegen Bakterien genannt, die aber - das sagt schon der Name - keine richtige Allergie ist, da immunologisch andere Faktoren eine Rolle spielen.
Zu unterscheiden sind die drei häufigsten Formen zunächst aufgrund ihrer Auslöser - die aber meist lange Zeit un-

bekannt bleiben. Daher versuchen wir zunächst anhand der Symptomatik zu klären, womit wir es zu tun haben.

Abb. 1: *Der Juckreiz beim Atopiker zeigt meistens ein typisches Verteilungsmuster.*

Atopie

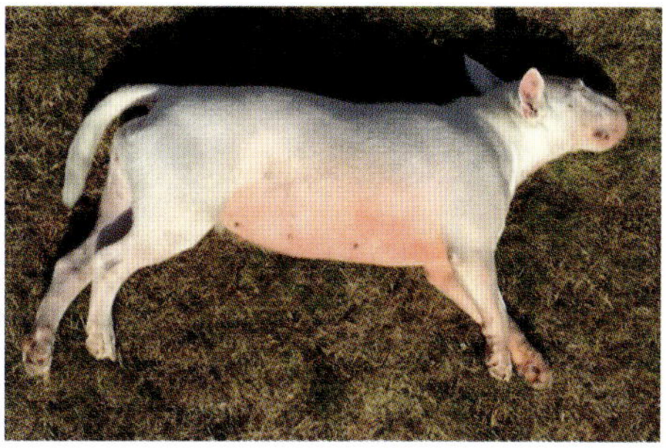

Foto. billbang

Bei diesem Atopiker ist deutlich die Lokalisation der Hautsymptome zu erkennen.

Auslöser, also Allergene, sind allgemeine Umweltsubstanzen: Hausstaub-, Vorrats- und sonstige Milben, Pollen, Schimmelpilze, Gräser, Insekten, Tierhaare, Federn, Hautschuppen... Der Hund nimmt sie über die Haut, mit der Atemluft oder oral auf. Die Kontamination erfolgt völlig unbemerkt durch den Besitzer. Auf die Idee, dass Blütenpollen oder Katzenhaar-Partikel Bello das Leben zur Hölle machen können, kommt der unbedarfte Hundehalter nicht.
Das zentrale Symptom ist der Juckreiz (Pruritus). Abbildung 1 zeigt die Lokalisation: Betroffen sind vor allem die Pfoten, Achseln und Leisten. Auch um Nase und Augen kann es Bello jucken, und manch armer Tropf entwickelt zusätzlich eine Entzündung des äußeren Gehörganges, eine Otitis externa, oder eine Bindehautentzündung (Konjunktivitis).

Es gibt weitere Hinweise, um diese Allergie von der alimentären und der Flohbissallergie abzugrenzen:

- Das Alter: Bei ca. 75 Prozent der Atopiker beginnt die Krankheit im Alter von 1 bis 3 Jahren.
- Es kann eine Rassedisposition vorliegen. Für Atopien empfänglich sind u.a. Terrier, Dalmatiner, Deutscher Schäferhund, Shar Pei, Lhasa Apso, Boxer, Labrador und Golden Retriever, English und Irish Setter, Westie, Zwergschnauzer, Englische und Französische Bulldogge und viele mehr.
- Familiäre Disposition - möglicherweise leiden Verwandte des Vierbeiners ebenfalls unter dieser Allergie.
- Saisonalität - bei Gräser- und Pollensensibilität gibt es symptomfreie Phasen, eine Hausstaubmilbenallergie quält im Winter stärker als im Sommer.
- Die Hautentzündung (Dermatitis), meist Folge des fiesen Kratzens, ist behandelbar, kehrt aber immer wieder. Man nennt das chronisch rezidivierend.
- Der Juckreiz spricht in der Regel deutlich und schnell auf eine Kortisonbehandlung an.

Hinter das Wort Juckreiz im Zusammehang mit der Atopie möchte ich übrigens am liebsten fünf Ausrufezeichen setzen. Denn einen echten Allergiker plagt nicht nur ein bisschen, gelegentliches, harmloses Kribbeln. Der betroffene Hund steht Tag und Nacht unter Strom. Er kratzt und beißt sich bis aufs Blut, er fügt sich selbst Verletzungen zu in dem Bemühen, den Juckreiz zu stillen. Dadurch kommt es zu sekundären Erkrankungen der Haut. Angefangen mit roten, gereizten Hautzonen, die sich später verdunkeln, bevor sich die Haut verdickt und faltig wird (Lichenifikation genannt). Es bilden sich Leckgranulome und Hot Spots - lokale,

AdobeStock: happyimages, Ermolaeva Olga., Юлия Усикова, OleksandrZastrozhnov

äußerst schmerzhafte Hautentzündungen. Häufig siedeln sich Pilze an. In den Ohren und unter dichtem Fell vorzugsweise die Malassezien - Hefepilze, die das Feucht-Warme lieben und sich durch einen üblen Gestank nach muffigem altem Käse bemerkbar machen. Ohnehin sondert der Patient einen unangenehmen Geruch ab aufgrund der Bakterien, die seine lädierte Haut befallen. Bei weißen Hunden verfärbt sich das Haar überall dort bräunlich, wo er viel leckt, das kommt vom Speichelfarbstoff. Die Pfoten sind entzündet, weil der Hund immer weiter dran knabbert und schleckt und die Bakterien immer tiefer eindringen. Durch die ständige Hautreizung erhöht sich auch die Anfälligkeit für Hautparasiten, wie

zum Beispiel Demodex-Milben.
Der Hund ist bald gefangen in einer endlosen Schleife von Pruritus und Hautläsionen. Durch die verletzte Haut entsteht weiter Brennen und Kribbeln, was das selbstzerstörerische Kratzen fördert. Solange er mit den Allergenen in Kontakt kommt, schüttet der Körper ständig Botenstoffe aus, die den Juckreiz aktivieren. Durch die Verletzungen wird die Schutz- und Barrierefunktion der Haut zunehmend schwächer und löchriger. So dringen immer mehr Allergene ein und es juckt und juckt und juckt...
Es ist eine pausenlose Qual, dem betroffenen Tier muss unbedingt mit einer passenden Therapie geholfen werden. Dennoch habe ich schon Hundebesitzer erlebt, deren Reaktion nur darin bestand, den Hund nachts auszusperren, weil sie das pausenlose Geschubber so nervte. Bei sowas geht mir die Hutschnur hoch. Ein Mensch, der diese Not seines Vierbeiners ignoriert, sollte sich mal vorstellen, tage- oder wochenlang von unzähligen Mückenstichen geplagt zu sein - oder gefesselt in einem Ameisenhaufen zu liegen...

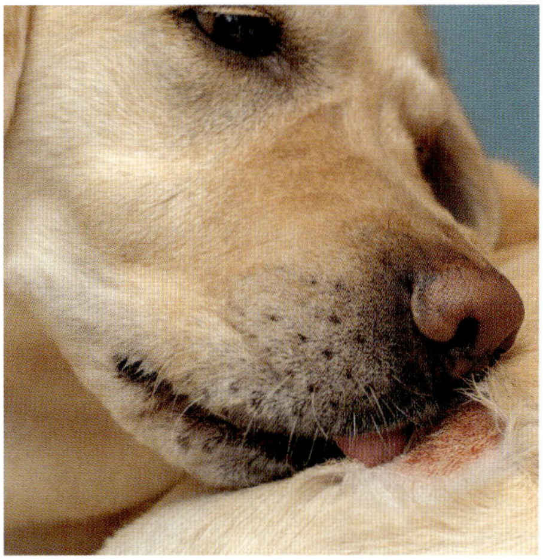

Husten, Schnupfen, Atemnot
Eher selten beim Hund sind allergisch bedingte Symptome an den Atemwegen. Das kann chronischer Husten oder Schnupfen sein, aber auch Asthma. Beim allergischen Asthma ziehen sich die Bronchialmuskeln der Lungen krampfhaft zusammen, es kommt zu Anfällen mit Atemnot. Mögliche Auslöser sind die gleichen, wie bei der atopischen Dermatitis.

Flohspeichelallergie
Auch bei der Allergie auf den Flohspeichel ist als zentrales Symptom der Juckreiz (!!!!!) zu nennen. Hier lokalisiert er sich aber auf den hinteren Rückenbereich bis Schwanzansatz und eventuell auf die Bauchgegend (Abb. 2).

Abb2: Den Flohbiss-Allergiker juckt es am hinteren Rückenbereich und am Bauch.

Viele Hundehalter kommen völlig überzeugt in die Praxis: „Er juckt sich, aber Flöhe hat er nicht.“ Diese Aussage hält einer Überprüfung nicht unbedingt stand. Wir mögen bei oberflächlicher Untersuchung weder Floh noch Bissstelle finden. Doch kämmen wir mit einem speziellen Kamm das Fell vor dem Rutenansatz (wo beim Flohbissallergiker häufig das Haar schon dünn und die Haut gereizt oder verdickt ist), finden wir doch den einen oder anderen hüpfenden Parasiten. Vielleicht stoßen wir nur auf winzige Schmutzkügelchen, die aussehen, als hätte sich der Hund im Dreck gewälzt. Diese Krümelchen legen wir auf ein feuchtes Küchenpapier. Bildet sich drum herum ein bräunlich-rötlicher Ring, ist das Hämoglobin, der Blutfarbstoff. Damit outen sich die kleinen Dreckklumpen als Flohkot. Da Flöhe ihr Leben nicht Vollzeit auf dem Hund verbringen, sondern sich viel in der Umgebung aufhalten, reicht das als Nachweis für den Befall. Über das Leben der Plagegeister und wie du sie loswirst, liest du ab Seite 107.
Ein Hund mit Flöhen ist zum Glück nicht automatisch Allergiker. Er mag sich hier und da kratzen, weil die Parasiten ihn piesacken. Eine allergische Reaktion auf Flöhe sieht jedoch viel extremer aus. Hier reicht ein Biss des Insektes für tage- oder gar wochenlangen heftigsten Juckreiz. Deswegen sieht der hintere Rückenbereich auch bald so lädiert aus. Der Hund beißt sich in die Haut und reißt sich die Haare aus. Es kommt zu ähnlichen sekundären Haut-

AdobeStock:.malivoja, Comugnero Silvana

problemen wie bei der Atopie beschrieben, aber eben nur auf diesem begrenzten Bereich des Körpers. Mit dieser Lokalisation und dem Nachweis des Blutsaugers ist die Flohspeichelallergie recht einfach zu diagnostizieren.

Futtermittelallergie

Für die Futterallergie sind die Eiweißbestandteile der Lebensmittel verantwortlich.

Als Bodo aus dem Tierheim zu uns zog, stellten wir schon bald seine hartnäckige Otitis fest. Trotz sorgfältiger, langanhaltender und wiederholter lokaler Behandlung wurde sie nicht besser. Und mein Jack-Russell-Mix ließ sich äußerst ungern am Ohr herumdoktern. Um per Otoskop in den Gehörgang zu schauen - eine normalerweise schmerzlose Prozedur -, mussten wir ihn zu dritt festhalten. Ich schätze, mit seinen drei Jahren hatte er bereits eine ziemliche Ohren-Entzündungs-Odyssee mit unangenehmen Tierarzt-Besuchen hinter sich. Auch bei uns trotzte die Entzündung sämtlichen Therapieversuchen. Verzweifelt sedierten wir Bodo sogar für eine Tiefenreinigung der Ohren, doch auch das brachte nur vorübergehende Besserung.

Therapieresistente oder chronisch rezidivierende Otitiden treten bei rund 80 Prozent der Futtermittelallergiker auf, bei einigen (25 Prozent) sogar als einziges Symptom. Ein Bluttest gab uns Gewissheit, dass auch unseren Bodo eine Immun-Reaktion auf Lebensmittel schikanierte.

Was kann außer der Ohrenentzündung auf eine Futtermittelallergie hinweisen?

Abb. 3: Den Futtermittelallergiker kann es nur an den Ohren jucken und brennen - oder überall.

Es ist schwierig, aufgrund der Symptomatik die alimentäre von der atopischen Allergie abzugrenzen. Die Lokalisation der Hautbeschwerden kann ähnlich ausfallen, muss aber nicht - alles ist möglich (Abbildung 3). Was eventuell Aufschluss gibt, sind folgende Unterschiede:

- Die Futtermittelallergie kann in jedem Alter beginnen (Vergleich Atopie: verstärkt von einem bis drei Jahre). Immer häufiger finden wir sehr junge Hunde unter einem Jahr betroffen.
- Der Juckreiz lindert sich durch die Behandlung mit

Glukokortikoiden häufig nur unzureichend, während der atopische Pruritus damit schnell und sicher zu unterbrechen ist.

- Möglicherweise gibt es neben den Hautproblemen zusätzlich Beschwerden des Verdauungstraktes: Häufiger Kotabsatz oder Durchfälle, Erbrechen, Darmgeräusche, Blähungen, Bauchschmerzen... Diese Symptome können auch alleine auftreten, so dass das Krankheitsbild dem einer chronischen Darmentzündung entspricht.

Gerade bei Hunden mit ausgeprägter Darmsymptomatik kann es schon bald zu Appetitlosigkeit und Antriebsarmut bis Apathie kommen. Ist der Hund noch jung, sind sogar Wachstumsstörungen möglich.

Auch bei der Nahrungsmittelallergie finden wir Rassedispositionen. In Fach-Veröffentlichungen werden u.a. Westie, weißer Boxer, Deutscher Schäferhund, Cocker Spaniel und Englische wie Französische Bulldogge verdächtigt. Rassedisposition bedeutet logischerweise, dass die Veranlagung zur Allergie vererbbar ist - was Hundezuchtverbände aus nachvollziehbaren Gründen nicht wirklich wahrhaben wollen. Es heißt selbstverständlich nicht, dass jeder Hund dieser Rassen eine Allergie entwickelt.

Da sich die Rassen mit bekannter Veranlagung zur Futterallergie mit denen zur Umgebungs-Allergie überschneiden, hilft das kaum zur Abgrenzung. Eher kann man versuchsweise einmal Kortison verabreichen, um die Reaktion darauf zu bewerten. Wir erinnern uns: Der Juckreiz der Atopie stoppt unter Glukokortikoiden sofort, der alimentär

AdobeStock: Sonja Rachbauer, doda

bedingte nur unbefriedigend. Zeigt der Hund ausschließlich gastrointestinale Beschwerden, kann eine Unverträglichkeit dahinterstecken. Hier spielt nicht die Immunabwehr verrückt, sondern der Darm reagiert direkt auf Futtermittelkomponenten.

Kontaktallergie

Auch hier zeigen sich deutliche Hautsymptome. Bei erstmalig auftretendem Juckreiz sollte grundsätzlich zuerst abgeklärt werden, ob es etwas Neues im Haus gibt. Kribbelt es Bello an der Schnauze, könnte der Futternapf der Auslöser sein. Zeigen sich Hautveränderungen am Hals, gerät das neue Halsband unter Verdacht. Ist der Bauch rot und brennt, denke man über die neue Liegedecke für den Hund oder den neuen Teppich der Familie nach... Die Kontaktallergie ist, wie ich schon anmerkte, bei Hunden eher selten. Und mit etwas detektivischem Gespür lässt sich der Verursacher normalerweise schnell dingfest machen. Damit ist auch die Therapie schon beschlossen und verkündet: Der Napf, das Halsband, die Decke, der Teppich... also der Schuldige muss gehen. Und man wird in Zukunft gut aufpassen, ob Neuanschaffungen auch vom Hund des Hauses toleriert werden.

Allergie auf Medikamente

Man könnte meinen, dass es in diesem Fall genauso einfach ist, den Auslöser zu finden und zukünftig zu eliminieren. Denn wenn Bello mit (medizinischem) Shampoo gebadet wird, ein Spot-on erhält, eine Injektion oder ein Antiparasitikum, und wenn er darauf mit allergischen Symptomen reagiert, dann weiß jetzt ja jeder, was zu tun ist. Oder? Wenn es sich um eine Sofortreaktion handelt, sollte das so sein.

Leider sind Arzneimittel-Reaktionen häufig Spätentwickler, also Allergien vom Typ IV. Daher kann es wieder sehr kompliziert werden, das auslösende Agens zu bestimmen.
Allergische Reaktionen auf Medikamente sind nun nicht sooo häufig. Es ist hilfreich zu wissen, dass sie vorkommen, und zwar auf rezeptpflichtige genau wie auf freie Medikamente, aber auch auf Nahrungsergänzung und äußerlich anzuwendende Mittel. Die Reaktion muss nicht zwingend über die Haut erfolgen, es sind auch Darmprobleme möglich oder systemische Entzündungen.

Fazit zu den Allergiearten
Regeln sind hilfreich, deswegen mag man auch Tabellen oder Gleichungen: Wenn X und Y zusammentreffen, dann Z ... Ach, wie wäre es schön, wenn man die Allergologie in so einfache Formeln packen könnte. Aber leider, leider sind Allergien flexibel. Es gibt gemischte Formen, wo neben der Futterallergie eine Atopie zu finden ist. Eine Allergie ist zudem nicht unveränderlich - es können jederzeit neue Auslöser dazu kommen. Und dass sich das Krankheitsbild typisch und somit lehrbuchgerecht zeigt, ist bei weitem nicht immer der Fall. Deswegen ist die Diagnose auch nicht immer einfach. Dass die Symptomatik eine Rolle spielt, ist jetzt klar. Aber es gibt für die Diagnostik weitere Kriterien, die wir uns jetzt anschauen wollen.

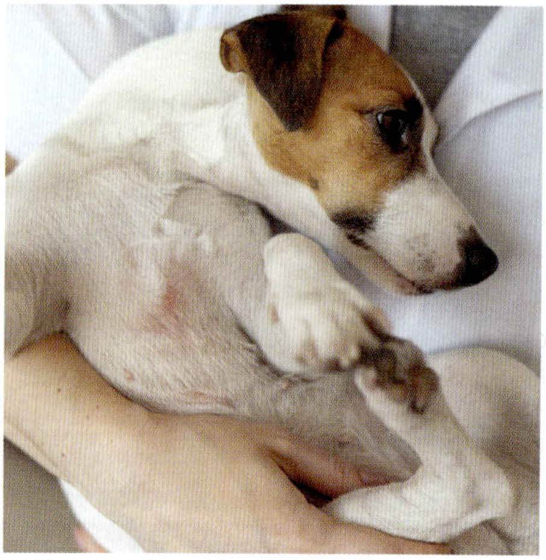

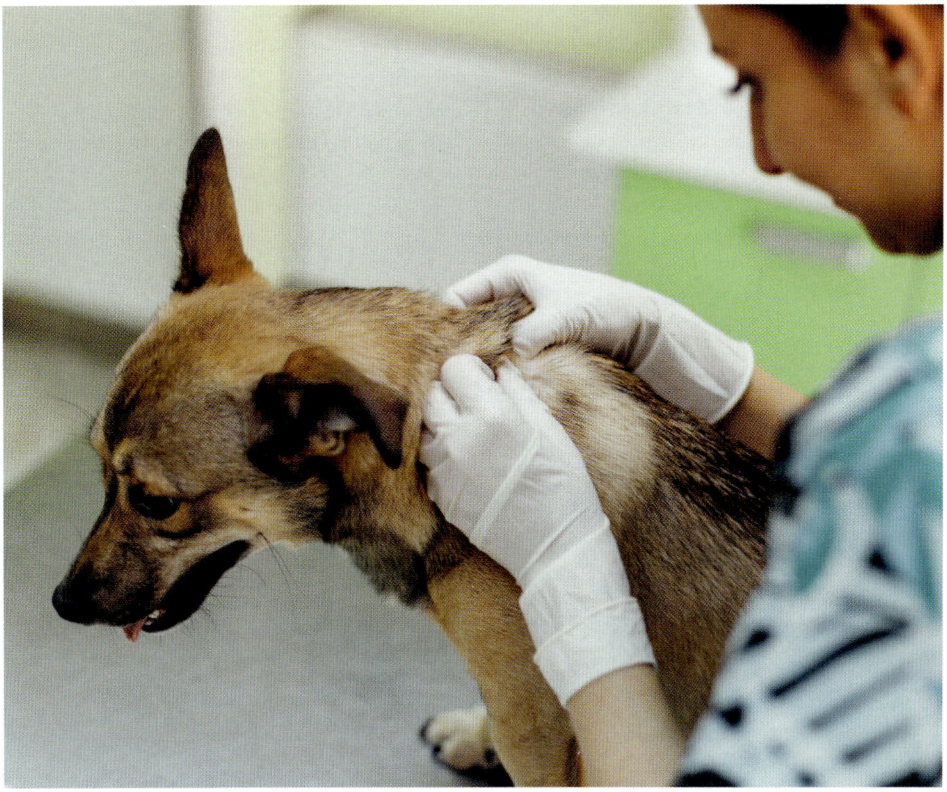

3. Diagnostik

Manche Hundebesitzer sind ganz schnell bereit zur ultimativen Einschätzung der Lage: „Mein Hund kratzt sich ständig. Der hat bestimmt eine Allergie..." Flöhe habe er natürlich nicht - wie schon oben beschrieben.
Also noch einmal: Juckreiz kann auf eine Allergie hinweisen. Es gibt aber Flöhe und weitere Parasiten und darüber hinaus zig andere Krankheiten, die einen quälenden Pruritus auslösen können. Deswegen müssen die Untersuchungen unbedingt ergebnisoffen beginnen. Der gewissenhafte Therapeut wird zunächst eine ausführliche Anamnese machen, sich also vom Tierbesitzer genau die Beschwerden schildern lassen, deren Beginn, Dauer, Art und Verlauf. Möglicherweise drängt sich die Frage auf, ob sich zu Hause etwas geändert hat - nicht nur wegen einer möglichen Kontaktallergie, sondern weil auch bei Hunden die seelische Komponente beim Entstehen von Krankheiten nicht zu unterschätzen ist. Stress, Trauer, Wohnungswechsel, ein scho-

ckierendes Erlebnis - was Frauchen und Herrchen aus der Bahn wirft, kann auch bei ihrem haarigen Liebling das Immunsystem durcheinanderbringen und eine Gesundheitsstörung auslösen.

Ausschlussdiagnostik
Der Therapeut sollte dann auf jeden Fall eine körperliche Untersuchung vornehmen. Bevor dem Patienten eine Allergie attestiert wird, muss schließlich jede andere mögliche Ursache für die Symptome ausgeschlossen werden. Denn für Juckreiz kann es neben einer Allergie viele Gründe geben:

- Parasiten (Milben, Flöhe, Würmer)
- Hautpilz
- hormonelle Störung
- Stoffwechselstörung
- Organ-Insuffizienz, wie Leber- oder Nierenschwäche
- Hautentzündung
- Infektionserkrankung (z.B. Leishmaniose)
- Psychisches Problem
- ...

Möglicherweise sind mikroskopische Untersuchungen der Haare oder von Hautgeschabseln notwendig oder es müssen Stanz-Proben aus der Haut oder Blutproben ans Labor geschickt werden. Ich habe die Erfahrung gemacht, dass unerfahrene Diagnostiker eher zu viele (teure) Untersuchungen veranlassen.

Daher kann es sinnvoll sein, gleich zu einem Dermatologen zu gehen. Für Magen-Darm-Beschwerden können ebenfalls neben einer Allergie diverse Erkrankungen der Auslöser sein:

- Parasiten (Würmer, Einzeller)
- Entzündungen im Magen-Darm-Trakt
- Infektion durch Bakterien oder Viren
- Dysbiose
- Futtermittelunverträglichkeit
- Arzneimittelunverträglichkeit
- Neoplasien (Tumoren)
- Autoimmunerkrankung
- Psychisches Problem
- ...

Um möglichst viele Möglichkeiten auszuschließen, sind auch hier eventuell zusätzliche Diagnoseverfahren notwendig, wie zum Beispiel eine Blut- oder Kotuntersuchung.
Erst wenn alle anderen Ursachen für die Krankheitssymptome ausgeschlossen sind, wird auf eine Allergie geschlossen. Als nächster Schritt gilt es zu klären, welcher Art diese ist. Eine Flohbissallergie kann aufgrund der typischen Lokalisation der Hautsymptome schnell und einfach diagnostiziert werden. Schwieriger ist es, eine Atopie von einer Futtermittelallergie abzugrenzen.
Es gibt mehrere Möglichkeiten hierfür. Für eine oberflächliche, erste Einschätzung sind zunächst die Anamnese und das Verteilungsmus-

AdobeStock: Soloviova Liudmyla

ter wichtig. Ist daraufhin eine Atopie wahrscheinlich, kann man versuchen, den Juckreiz einmalig mit Kortison zu unterdrücken. Wir erinnern uns: Bei der Atopie klappt das vorzüglich, bei der alimentären Allergie weniger gut. Wenn also der Hund nach der Kortisonspritze endlich durchschläft, kann man tatsächlich von einer Reaktion auf Umweltstoffe ausgehen. Wenn aber der Juckreiz fast unverändert anhält, heißt das nicht zwingend, dass Bello nur unter einer Futtermittelintoleranz leidet. Er kann zusätzlich Atopiker sein. Aufgrund dieser Unsicherheit bleibt auch die diagnostische Medikation unsicher.

Serumtest

Mehr Aufschluss gibt da ein Bluttest. Ganz wichtig ist, dass der Hund vor der Blutentnahme nicht mit Glukokortikoiden oder anderen immunsuppressiven Medikamenten behandelt wurde. Der Therapeut – ob Tierarzt oder Tierheilpraktiker - schickt die Blutprobe an ein spezialisiertes Labor. Hier lässt sich zunächst eingrenzen, ob überhaupt eine Allergie auf Futter- oder Umweltstoffe vorliegt. Bei einem positiven Ergebnis kann man die Einzelallergene nachfordern. Ergibt der Vortest eine Atopie, lässt sich bestimmen, auf welche saisonalen und ganzjährigen Einzelallergene der Hund reagiert: Pollen, Gräser, Kräuter, Schimmelpilze, Milben. Zusätzlich kann man Federn, Haare und Schuppen anfordern – denn auch Hunde können gegen Katzen oder Heimtiere allergisch reagieren. Gerade was die Pollen und Schimmelpilze angeht, ist das Testergebnis vor allem dafür gut, die Neugierde zu befriedigen. Denn den Hund vor Birkenpollen zu schützen, ist nicht möglich. Der einzige Grund für diese Auswertung wäre, dass man eine De- oder Hyposensibilisierung plant. Was das ist, erkläre ich im Kapitel „Therapien". Hilfreich kann aber die Klassifizierung der Milben sein. Reagiert der Hund auf Hausstaubmilben, ist das wieder sehr unbefriedigend, weil man ihn nur bedingt vor selbigen im Haus schützen kann. Zeigt der Test aber eine Reaktion auf Futter- oder Vorratsmilben, haben wir eine echte Chance. Ich habe schon manchen Allergiker symptomfrei bekommen, nachdem der Test genau dieses Ergebnis zeigte.

Wie? Auch das erkläre ich dir im Teil Therapien ab Seite 38.

Intrakutantest

Umgebungsallergene kann man auch über einen Hauttest bestimmen. Der Intrakutantest wird ähnlich durchgeführt wie beim Menschen. Dafür braucht Bello zunächst eine leichte Narkose. Sodann wird an seiner Körperseite ein rechteckiges „Fenster" per Rasur von Haaren befreit. Hier injiziert der Tierarzt nach einem bestimmten Plan einige Dutzend Substanzen in die obersten Hautschichten, und dann wartet er ab. Leidet der Patient unter einer Typ-I-Allergie gegen einen (oder mehrere) der injizierten Stoffe, kommt es an der Einstichstelle innerhalb von 15 bis 30 Minuten zu einer lokalen Schwellung und Rötung - positiv.

Die Zuverlässigkeit der Intrakutantests bei Hunden soll bei etwa 80 Prozent liegen, das ist akzeptabel. Wer ganz sicher gehen will, der sollte gleichzeitig Blut- und Intrakutantest machen lassen. Denn keines dieser Analyse-Verfahren bringt ein zu 100 Prozent sicheres Ergebnis, aber wenn man beide Ergebnisse miteinander vergleicht, kann man bei sich überschneidenden Positiv- wie Negativ-Aussagen davon ausgehen, dass diese stimmen.

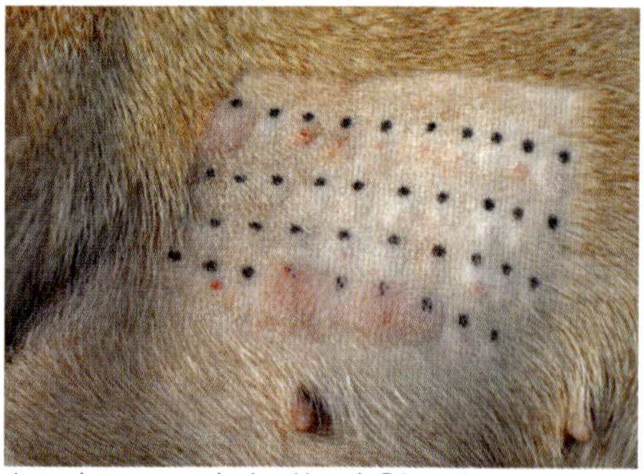

Intrakutantest beim Hund. Die roten Schwellungen sprechen für eine Allergie.

Bestimmung der alimentären Allergene

Überaus wichtig ist die Bestimmung der Futtermittel, auf die unser Bello allergisch reagiert. Bei den meisten Futtermittelallergikern kann eine verträgliche und gesunde Fütterung gefunden werden - wenn man weiß, worauf zu verzichten ist.

Aufschluss darüber gibt seit einigen Jahren ein Bluttest. Dabei wird auf

bis zu 30 verschiedene Futtermittel geprüft, indem man sowohl die IgE- als auch die IgG-Antikörper misst. Wir erinnern uns: Das IgE ist bei über 90 % aller allergischen Prozesse beteiligt. Es zeigt die Sofortreaktion an, die Allergie vom Typ I. Das IgG ist für die verzögerte Immunantwort verantwortlich.
Es gibt viele Kritiker, die diesem Bluttest nichts abgewinnen können. Zu viele falsch positive Aussagen werden vorgeworfen, zu groß die Unsicherheit für den Tierbesitzer, ob dem Test Glauben geschenkt werden kann. Man hängt sich dabei gerne an den IgG-Werten auf, die sehr lange im Blut verweilen. Kritiker meinen, dass diese Immunglobuline schon nachweisbar seien, wenn der Hund das Lebensmittel irgendwann einmal gefressen hat. Man könne daraus nicht auf eine allergische Disposition schließen.
Die Labore selbst bewerben den Serumtest auf Futtermittelallergene nicht als ultimatives Werkzeug zur beweisenden Allergiediagnostik. Vielmehr dient er der Identifikation einer dem Tier bisher unbekannten Proteinquelle, um diese für die Ausschlussdiät zu verwenden. Bei Bodo verriet uns der Bluttest, dass wir auf Lamm, Geflügel und Wild verzichten sollten - und sobald wir das einhielten, war unser Jack-Russell-Mix so gut wie symptomfrei. Keine Ohrenentzündung, selten Juckreiz. Das war einfach und überzeugend. Wobei mir klar war, dass das Testergebnis nicht wie in Marmor gemeißelt endlos Gültigkeit besitzt - Allergien sind nicht statisch. Mir ist auch bewusst, dass wir Glück hatten, denn relativ viele Fleischsorten und alle Gemüse- und Getreidearten wurden als unverdächtig eingestuft. So war es einfach, Bodo allergenarm zu ernähren.
Ich kenne aber auch Fälle, wo im Bluttest so gut wie jedes Lebensmittel mit Reaktionsklasse 2 bis 5 bewertet wurde - also als symptomerregendes Allergen.
Nun muss man bei den positiven Ergebnissen Abstriche machen, denn hier werden immer wieder Ungenauigkeiten beobachtet. Verlässlicher sind die Negativ-Werte. Die Zuverlässigkeit liegt laut einer Studie der Universitätskleintierklinik München bei etwas über 80 Prozent, und das finde ich ganz ordentlich. Vor allem bei Hunden mit bewegter Vergangenheit, also ohne Kenntnis der früheren Ernährung, kann ein Test die Grundlage für die beweisende Ausschlussdiät bieten. Selbstverständlich müssen immer beide Parameter - also IgE und IgG - bewertet werden.
Wenn aber - wie es in der Klinik ab und zu passiert - fast ausschließlich positive Ergebnisse das Papier verunzieren, bleibt nur die Alternative bzw. Ergänzung zum Bluttest. Mit Glück sind einzelne Werte falsch-positiv gemessen worden, und Bello kann doch die eine oder andere Fleischsorte fressen. Das

AdobeStock: Pixel-Shot

finden wir heraus mit der Ausschlussdiät.

Ausschlussdiät – was ist das?
Sie ist – zusammen mit der Provokationsdiät - der Goldstandard zur Diagnose einer alimentären Allergie und zur Bestimmung der auslösenden Lebensmittel. Aufgrund der Unsicherheiten beim Serumtest kommt kaum ein Hund mit Verdacht auf futtermittelresponsive Symptomatik an dieser Maßnahme vorbei. Ihr Vorteil: Auch wenn für die Symptomatik andere Immunglobuline oder -mechanismen ursächlich sind, mit der Ausschlussdiät finden wir den oder die Schuldigen. Immer wenn ich Patientenbesitzern erkläre, wie sie eine Ausschlussdiät durchzuführen haben, ernte ich zweifelnde bis entsetzte Blicke. Denn wir haben es hier mit einer zwar einfachen, leider aber zeitraubenden Methode zu tun, und das Schlimmste ist, dass man sich über die gesamte Dauer keine Schwächen erlauben darf. Aber: Die Ergebnisse sind verlässlich, und das zählt.
Einen Leaky Gut diagnostizieren wir mit speziellen Kotuntersuchungen. Die Heilung des Darms erfordert Zeit und einen erfahrenen Therapeuten, der auf Grundlage des Kotprofils einen mehrwöchigen Behandlungs- und Ernährungsplan erstellt. In dieser Zeit sollte möglichst kein Futter und kein Zusatzstoff geändert werden.

Wie du eine Ausschlussdiät durchführst, erfährst du auf Seite 70.

Bitte beachte Folgendes:
Eine Ausschlussdiät macht keinen Sinn bei einem löchrigen Darm. Warum? Auslöser für alimentäre Allergien sind zu 99 Prozent die Proteine. Man arbeitet bei der Ausschlussdiät mit einem Fleischprotein, das der Hund möglichst noch nie gefressen hat. So kann man davon ausgehen, dass es noch nicht zu einer Sensibilisierung des Immunsystems mit Einordnung als schädliches und zu bekämpfendes Nahrungsmittel gekommen ist. Bei einem Leaky Gut aber geraten ständig zu große Eiweißbestandteile vom Darm ins Körperinnere, wo sie früher oder später eine immunologische Reaktion auslösen. Und zack – hat dein Hund eine Allergie auch auf dieses Protein gebildet. Nicht gut. Deswegen lautet eine Faustregel: Bei Verdacht auf Leaky Gut vor Futterexperimenten den Darm therapieren. Symptome für den löchrigen Darm sind ständige oder wiederkehrende gastrointestinale Beschwerden mit Erbrechen und vor allem Durchfall, mit Blähungen, Bauchschmerzen und Darmgeräuschen. Hautsymptome können, müssen aber nicht sein. Auffällig ist, dass der Hund ein neues Futter verträgt, aber nach wenigen Wochen die Verdauungsprobleme zurückkehren.

Unverträglichkeiten

Wir müssen noch einmal kurz auf das Immunsystem zurückkommen, nämlich um den Unterschied zwischen einer echten alimentären Allergie und einer Futterunverträglichkeit zu definieren. Ganz kurz: Bei einer Allergie sind auffällige IgE- und IgG-Werte im Blut zu finden. Bei einer Unverträglichkeit kann IgG vorhanden sein, kaum aber IgE. Und für eine Unverträglichkeit braucht es keine Sensibilisierung, hier kann der Körper schon beim allerersten Kennenlernen seine Abneigung zeigen. Ein weiterer Unterschied: Die Unverträglichkeit äußert sich nur selten durch Hautprobleme, hier überwiegen die Magen-Darm-Beschwerden deutlich.

Wichtig ist die Unterscheidung vor allem bei der Therapiefrage. Bei der Fütterung spielt es kaum eine Rolle. Auch bei einer Unverträglichkeit ist eine Ausschluss- und anschließende Suchdiät unumgänglich, um zu einer akzeptablen Ernährung zu finden.

Weitere Diagnosewege

Bioresonanz und artverwandte Methoden

Zu den häufig genannten diagnostischen Möglichkeiten gehört die Bioresonanz. Die Theorie dahinter: Die Kommunikation der Körperzellen findet über Schwingungen statt. Diese können durch Krankheiten gestört werden. Mit Hilfe eines Bioresonanz-Gerätes soll es gelingen, die Frequenzen zu messen und somit herauszufinden, wo es Probleme oder Missverständnisse gibt. Manche Therapeuten testen am Tier selbst, andere fordern nur Haare oder einen Bluttropfen an für eine umfangreiche Analyse.

Diese Testverfahren sind in den letzten Jahrzehnten ziemlich in Mode gekommen. Leider ergibt sich bei näherer Prüfung mehr Schein als Sein. Die Apparate testen nicht unabhängig, entscheidend ist die Fähigkeit des Anwenders. Damit handelt es sich um ein subjektives Diagnoseverfahren, ebenso wie kinesiologische Testverfahren oder das Pendeln. Und selbst den Geräten wird nachgesagt, sie produzierten allenfalls Zufallsergebnisse.

Mir wurden in den vergangenen Jahren viele Bioresonanz-Analysen präsentiert. Sinnvolle, hilfreiche Ergebnisse waren dabei in der Minderzahl. Dagegen höre ich immer wieder Erfahrungen wie diese: Eine Hundebesitzerin bekam als ultimativen Rat auf Basis des Bioresonanztests die dringende Empfehlung, nur noch Rind und Huhn zu füttern. Dass sie aufgrund einer Ausschlussdiät diese beiden Fleischsorten bereits als absolut unverträglich eingestuft hatte, ließ die Therapeutin nicht gelten, sie beharrte auf ihrer „Diagnose". Die Hundehalterin stimmte entgegen ihrer Überzeugung zu, die Ernährung noch einmal umzustellen – „Man klammert sich an jeden Strohhalm!". Der Versuch endete erwartungsgemäß (und für das Tier bedauerlich) mit einer heftigen Darmentzündung aufgrund der Unverträglichkeit.

Wer anders nicht weiter kommt und sich aus der Bioresonanz Aufklärung erhofft, sollte sich gut informieren

und auf ehrliche Empfehlungen anderer Betroffener hoffen, um einen erfahrenen Therapeuten zu finden. Lass dich bitte nicht von Versprechungen auf Webseiten blenden, und sei höchst misstrauisch, wenn der Test-Anbieter eigene Futter, Nahrungsergänzungsmittel oder Produkte aus Homöopathie und Phytotherapie vertreibt.
Manche Bioresonanz-Tests tarnen sich hinter Namen wie Speicheltest oder Fellanalyse. Diese Bezeichnungen können auch für andere, chemische Testverfahren stehen. So kann eine chemische Analyse von Hundehaaren Rückschlüsse auf die Nährstoffversorgung liefern.

Speicheltest
Seit einigen Jahren wird ein Speicheltest beworben, der angeblich jegliche Allergien klären kann, auch und vor allem die auf Futtermittel. Der Besitzer kann selbst ein Testkit kaufen, seinem Hund mit dem Wattestäbchen das Maul auswischen und die Analyse durchführen lassen. Die Ergebnisse sind aber kaum aussagekräftig, da der Test keine IgE-spezifische Sofort-Reaktion nachweisen kann. Im Speichel messbar sind nur Antikörper der Gruppen IgA und IgM, die auf Allergien vom Spättyp hinweisen können.

Tierkommunikation
Mancher Tierhalter wünscht sich, er könne mit seinem Hund reden und so herausfinden, was ihm fehlt. Tierkommunikatoren bieten diesen Dienst an. Ich arbeite gelegentlich mit einer Tierkommunikatorin zusammen, und sie konnte mir in einigen Fällen schon weiterhelfen. Aber gegen was dein Hund allergisch ist, kann dir ein Tierkommunikator nicht sagen. Und wenn er seinen Beruf seriös begreift und ausübt, wird er dir das auch nicht versprechen.
Aber möglicherweise hilft er bei einem seelischen Ungleichgewicht - und das kann durchaus Einfluss auf eine Allergie haben, wie auch auf jede andere Erkrankung.

AdobeStock: Alex Photo

4. Therapien

Ach, wie gerne würde ich jetzt hier eine kurze, knackige Anleitung schreiben, wie du deinen Hund schnell und einfach und für immer von seiner Allergie befreien kannst. Das wäre genial für die Tiere, und ich wäre steinreich und weltberühmt. Wobei ich mir nicht sicher bin, ob letzteres erstrebenswert ist. Nun, da ich hier eh keine Geheimwaffe präsentieren kann, wird sich mein Leben kaum ändern.
Sei bitte trotzdem nicht enttäuscht. Denn wenn ich auch kein bahnbrechendes Zaubermittel liefere, gibt es doch Mittel und Wege, die Beschwerden unserer haarigen Allergiker zu bessern und ihre (und unsere) Lebensqualität zu steigern. Uns stehen verschiedene Möglichkeiten zur Verfügung, die Symptome zu lindern, und es gibt sogar eine kleine Chance, so etwas wie eine Heilung herbeizuführen. Dies klappt nicht bei jedem Patienten, wie ohnehin keine Therapie hundertprozentig ist, aber ich nenne eine Perspektive.
Darauf möchte ich mich aber nicht

beschränken. Mein Ziel ist es, alle wichtigen Therapieformen und Medikamente vorzustellen und zu erklären. Denn viele Besitzer haben mit ihren vierbeinigen Allergikern schon eine längere Odyssee durch verschiedene Tierarztpraxen und Heilverfahren hinter sich. Viele Hunde stehen dauerhaft unter einer Medikation, über die ihr Halter zu wenig weiß. Wie ich schon in der Einleitung schrieb, gibt es eine Menge Tierhalter, die nicht einmal die Krankheit ihres Lieblings bei Namen nennen können - entweder sie fragen zu wenig oder der Therapeut antwortet zu kurz. Und weil das Wissen rund um die Allergie gerade für den Betroffenen so wichtig ist, will ich Licht ins Dunkel bringen. Aber keine Angst, es wird nicht zu theoretisch!

Ich stelle zuerst die Therapiemöglichkeiten aus der Naturheilkunde vor und anschließend erkläre ich die schulmedizinischen. Häufig werden in der Praxis Maßnahmen aus beiden Bereichen kombiniert und durch ergänzende Anwendungen optimiert - letztere beschreibe ich ebenfalls.

Aus der Naturheilkunde

Kommt ein neuer Patient aufgrund von Hautproblemen und Juckreiz in meine Praxis, steht selbstverständlich sofort die Frage nach der Diagnose im Raum. Die Lösung dieser kann allerdings Zeit in Anspruch nehmen. Wie im Kapitel „Diagnostik" beschrieben, müssen alle möglichen und nichtzutreffenden Ursachen ausgeschlossen werden, und häufig gibt erst ein Labor- oder Intrakutantest oder eine

AdobeStock: photocrew

Ausschlussdiät Aufschluss über die allergische Diathese. Wenn aber der Hund quälenden Juckreiz oder schlimme Magen-Darm-Symptome hat, können wir nicht die Hände in den Schoß legen und in Ruhe die Diagnose abwarten. In vielen Fällen sind sofort die Hautläsionen des Hundes zu therapieren, muss zuerst der Durchfall gelindert werden, um den Leidensdruck vom Tier zu nehmen.

Der Juckreiz des Allergikers entsteht durch die krankhaft vermehrte Ausschüttung von Botenstoffen. Kratzt und beißt sich der Hund, entstehen kleine Verletzungen und dadurch Entzündungen. Auch in diesen werden Botenstoffe ausgeschüttet, die den Pruritus verstärken. Im Wundgebiet verändert sich der PH-Wert, was die Hautflora schwächt. Alles zusammen ergibt eine brüchige Hautbarriere - unerwünschte Umweltstoffe können viel leichter in den Körper eindringen, als es bei gesunder Haut der Fall wäre. So kommt es zu einem selbsterhaltenden Prozess, zum Teufelskreis.

Es gilt daher, das Terrain möglichst schnell zu beruhigen. Je nach Ausrichtung des Therapeuten können

für die Therapie der Dermatitis verschiedene Heilmethoden zum Einsatz kommen, unter anderem Waschungen und Salben. Auch eine Pilzbesiedelung (Dermatophytose) sollte in der symptomatischen Therapie Berücksichtigung finden.
Ähnlich verhält es sich, wenn der Erstbesuch des Vierbeiners aufgrund von chronischem oder immer wiederkehrendem Durchfall stattfindet. Die Diagnose Allergie steht zu diesem Zeitpunkt noch nicht unbedingt im Raum, also werden zunächst geeignete Maßnahmen gegen die Symptomatik ergriffen.
Jeder Naturheilkundler arbeitet anders und es stehen viele verschiedene, wirksame Heilmethoden zur Verfügung. Die nachfolgende Beschreibung einiger Therapieformen ist bei weitem nicht komplett, aber sie beinhaltet die wichtigsten Methoden, die am häufigsten angeboten und nachgefragt werden.

Entgiftung und Darmsanierung

Diese Maßnahme ist zwingend notwendig, wie auch immer der Allergiker sonst therapiert wird. Selbst für gesunde Hunde ist eine regelmäßige, prophylaktische Entgiftung eine gute Idee, um den Folgen der Belastung durch Umweltgifte vorzubeugen.
Viele Allergiker werden über Monate, sogar jahrelang mit diversen Medikamenten vollgestopft. Je länger die Behandlung und je höher die Dosierung, desto stärker ist die Belastung von Leber, Niere und Darmflora. Damit die Organe ballastfrei arbeiten können, muss ab und zu gründlich durchgeputzt werden. Hier ist ein Beispiel, wie so eine Kur aussehen könnte:
Der erste Schritt ist die tägliche Gabe eines Zeoliths (z.B. Klinoptilolith) oder von Huminsäuren (z.B. Sobamin). Beide binden Schadstoffe im Darm und sorgen so für deren Ausscheidung.

Ab der **zweiten Woche** startest du parallel mit der Unterstützung der inneren Entgiftungsorgane. Ideal ist ein Kräuter-Produkt mit Mariendistel für die Leber (Apotheke), die Niere lässt sich mit einem Tee aus Brennnessel, Löwenzahn und Ackerschachtelhalm stimulieren. Damit wird gleichzeitig der Lymphfluss angeregt, womit unser Body-Frühjahrsputz komplett wäre.
Den Effekt sieht man den meisten Hunden schon nach zwei bis drei Wochen äußerlich an. Die Kräuterkur darf gerne sechs Wochen dauern. Solange damit die Entgiftung angeregt wird, gibst du die Toxinbinder aus Schritt 1 weiter, damit sich nichts Störendes im Darm staut.
Nach Abschluss der Entgiftung durch Zeolith oder Huminsäuren folgt

Schritt 3: Wir pflegen die Darmflora. Wie wichtig diese ist, haben wir ja im ersten Teil gelernt. Jetzt päppeln wir die guten Bakterien des Mikrobioms mit wirksamen Ballaststoffen wie Inulin, Akazienfasern oder eingeweichten Flohsamenschalen. So gestärkt, halten sie die bösen Kollegen unter Kontrolle. Zusätzlich gönnen wir unserer Fellnase eine vierwöchige Kur mit effektiven Mikroorganismen, die quasi als „Breitband-Probiotika" die natürliche Besiedelung des Darminneren unterstützen.

Kräuter-Frühlingskur
Wenn die zarten Blätter an Brennnesseln und Löwenzahn sich ins Licht der Frühlingssonne recken, rate ich dir zum Griff in die grüne Apotheke. Für eine Entgiftung eignen sich viele weitere Pflanzen:

Giersch, Birken, Gänseblümchen, Bärlauch... Schneide die Blätter klein und gib je nach Größe deines Hundes einmal täglich einen Teelöffel bis zwei Esslöffel ins Futter. Die Kur kann drei bis sechs Wochen dauern. Für eine Detox-Kur im Herbst empfehle ich Vitalpilze.

Viele wertvolle Tipps zur Phytotherapie für Hund und Katze findest du in meinem Buch Kräuter statt Tierarzt *(im Buchhandel, ISBN 978-3-9815634-6-7, Minerva Verlag).*

Hunde, die aufgrund ihrer Allergie oder anderer Erkrankungen häufig Medikamente einnehmen, sollten diese Kur zweimal jährlich machen. Viele Arzneimittel werden über Leber und Niere abgebaut, und das geschieht selten rückstandslos. Es gibt Pharmawirkstoffe, deren leber- oder nierenschädigendes Potential so bekannt ist, dass bei einer Medikation zur regelmäßigen Kontrolle der entsprechenden Blut-Organwerte geraten wird, etwa bei Cyclosporin, Kortison und manchen Pilzmedikamenten.

Zeigt dein Allergiker – gelegentlich oder ständig - gastrointestinale Symptome, empfehle ich vor Beginn der kompletten Darmkur unbedingt die Analyse der Kotflora durch ein spezialisiertes Labor. Bei Bedarf bestellt dein Therapeut dort zusätzliche Parameter, zum Beispiel Hinweise zu Verdauungsrückständen, Bauchspeicheldrüsen- oder Darmbarrieren-Funktion. So finden wir heraus, was konkret im Argen liegt, und können gezielt gegenlenken. Zeigt der Befund eine Dysbiose, etwa dass bestimmte gesundheitsfördernde Darmbakterien fehlen, lassen sich diese durch entsprechende Probiotika zuführen und in ihrer Vermehrung unterstützen. Derartige Produkte müssen über mindestens acht Wochen gegeben werden. In schweren Fällen wird anschließend nachgetestet und die weitere Therapie angepasst.
Einige Mittel zur Entgiftung und Darmsanierung können übrigens die Wirkung von gleichzeitig konsumierten Medikamenten beeinträchtigen,

also herabsetzen oder steigern. Beides ist bei genau dosierten Präparaten (wie Kortison oder Oclacitinib) nicht sinnvoll, es kann sogar üble Folgen haben. Deswegen empfehle ich in diesem Fall, eine Darmkur nicht ohne die Begleitung durch einen erfahrenen Therapeuten durchzuführen.
Gelegentlich höre ich enttäuschte Tierbesitzer, die Kur hätte die Allergie nicht gelindert oder geheilt. Als alleinige Therapiemaßnahme ist die Entgiftung und Darmsanierung nicht unbedingt ausreichend. Die Wirkung entsteht im Paket. Dazu ist zu berücksichtigen, dass ein Organismus nach einer jahrelangen Allergiekarriere viel Zeit und Hilfe braucht, um zu regulieren.

Homöopathie

Viele Menschen verwenden die Bezeichnung Homöopathie als Synonym für natürliche Therapien. Das ist missverständlich. Homöopathie gehört zur Naturheilkunde, ist aber nur eine von vielen Behandlungsarten.

Wenn mein Futtermittelallergiker Bodo mal trotz aller Vorsicht etwas Falsches fraß, kam es richtig dicke. Seine Haut in Achseln und Lenden verfärbte sich ratzerot, die Ohren wurden heiß, und der Juckreiz ließ ihn kaum fünf Minuten zur Ruhe kommen. Er biss und kratzte sich unablässig. Es dauerte dann nicht lange, bis sich auf der zarten Haut am seitlichen Brustkorb die ersten tiefen Kratzer zeigten... Zum Glück hatte ich immer seine Globuli parat. Die Kombination aus zwei Einzelmitteln entspannte Bodo innerhalb von dreißig Minuten. Eine einmalige Verabreichung genügte.

Foto: Katja Wald

Wie funktioniert Homöopathie?

> **Ähnliches werde durch Ähnliches geheilt.**

So lautet die Simileregel, das Gesetz der Homöopathie, Ende des 18. Jahrhunderts vom Arzt Samuel Hahnemann formuliert, und seitdem in unzähligen Fällen erfolgreich praktiziert. Dieser Theorie entsprechend soll ein Arzneimittel die Symptome, die es bei einem Gesunden auslöst, bei einem Kranken heilen. Hahnemanns erster Selbstversuch ist das beste Beispiel: Er nahm Chinarinde ein und bekam die Symptome des Wechselfiebers, der Malaria. Als er unabhängig von seinen Experimenten einen richtigen Malariaschub bekam, heilte er sich mit eben dieser Chinarinde.
Um die Symptome herauszufinden, die das Mittel in seiner Urform auslösen kann, führt man auch heute noch Arzneimittelprüfungen an gesunden Probanden durch. Diese nehmen kleine Dosen des Arzneimittels ein und geben exakt die entstehenden körperlichen und seelischen Veränderungen an. Als Ergebnis dieses Versuchs steht das Arzneimittelbild, sozusagen ein Katalog der Symptome.
Aus einer genauen Anamnese, also einer eingehenden klinischen Untersuchung und einer tiefgreifenden Befragung (beim Tier natürlich des Besitzers!) gehen die Symptome des Patienten hervor. Wenn diese sich in einem Arzneimittelbild wiederfinden, hat man die heilende homöopathische Arznei gefunden.
Da bei puren Substanzen schon bei der Arzneimittelprüfung die Nebenwirkungen erheblich sein könnten – schließlich gibt es homöopathische Arzneien wie Arsen oder Quecksilber -, verdünnte Hahnemann die Mittel und potenzierte die Wirkung durch eine spezielle Verschüttelung. So nahm er einen Teil der Ursubstanz zusammen mit zehn Teilen des Verdünners (Wasser, Alkohol o.ä.), verschüttelte dieses (= potenzieren) und gewann damit die Potenz D1. Diese wiederum mit zehn Teilen Verdünner verschüttelt ergab die D2. Und so fort: Erstaunlicherweise ist die heilende Wirkung der Homöopathie am stärksten in den sogenannten hohen Potenzen (1000er und 50.000er), wo von der eigentlichen Arznei chemisch nichts mehr nachweisbar ist. Um C-Potenzen herzustellen, ist der Ablauf gleich, nur mischt man grundsätzlich 1 : 100 Teile.

Es heißt wegen dieser Verdünnung immer, dass die Homöopathie eine Therapie ohne Nebenwirkungen ist, die „sanfte Medizin". Womit der Patient aber eventuell konfrontiert wird, ist die sogenannte Erstreaktion, häufig als Erstverschlimmerung bezeichnet. Sie lässt einzelne Symptome scheinbar stärker werden, insgesamt aber fühlt sich der Kranke deutlich besser. Auch kann passieren, dass manche „alte", schon fast vergessene Krankheitszeichen, wieder auftauchen. Dies gilt der homöopathischen Theorie nach als gutes Zeichen, denn die Heilung soll rückwärts verlaufen und wird dann alle bisher aufgetauchten Symptome nicht nur unterdrücken, sondern heilen.
Etwa dreitausend Substanzen sind als Arzneimittel in homöopathischer Form erhältlich. Entsprechend kniffelig ist die Aufgabe, für das Tier das entsprechende Mittel herauszufinden. In einzelnen Arzneimittelbildern finden sich weit über tausend Symptome, die mit denen des Patienten abzugleichen sind. Durchfall zum Beispiel ist nicht gleich Durchfall: Hier unterscheidet man Farbe, Konsistenz, Geruch, Beimengungen wie Blut oder

Schleim, die Tageszeit mit den heftigsten Beschwerden, die auslösende Ursache, verbessernde oder verschlimmernde Verhältnisse, und so fort. Und die Homöopathie wäre keine ganzheitliche Heilmethode, wenn nicht über die aktuellen Beschwerden hinaus auch alle früheren Erkrankungen und der Gesamtzustand des Kranken berücksichtigt würden - inklusive seelischer Belange. Besonders bei langwierigen chronischen Krankheiten sind also detaillierte Angaben des Besitzers zu seinem Tier für den Homöopathen enorm wichtig, um aus dem Patienten wieder ein gesundes Familienmitglied zu machen.

Dies gilt ebenso für Allergien und Hautsymptome. Wer jetzt nur nach „Juckreiz" als Symptom sucht, wird etliche hundert Mittel finden, die den Pruritus im Arzneimittelbild enthalten. Selbst wenn wir durch die Spezifizierung dieses Einzelsymptoms die Ergebnisliste eingrenzen, wird es doch schwierig werden mit dem Heilerfolg. Es fehlt der ganzheitliche Ansatz, der in die Tiefe geht. Der klassisch arbeitende Homöopath schaut sich also neben dem Juckreiz alle anderen Beschwerden des Patienten an, selbst wenn sie nichts mit der Allergie zu tun haben sollten, inklusive der Vorerkrankungen. Er berücksichtigt Charaktereigenschaften und Temperament, mögliche Krankheitsauslöser, Fress- und Trinkverhalten, Temperaturvorlieben, die Ausscheidungen, den Körpergeruch, familiäre Auffälligkeiten, mögliche Auslöser und Ursachen... Eine solche Anamnese kann locker anderthalb bis zwei Stunden dauern. Mit der Fülle dieser Informationen möchte der Homöopath das Konstitutionsmittel des Patienten finden und damit das Gleichgewicht im gesamten Organismus

AdobeStock: juefraphoto

wieder herstellen und den Weg zur Gesundheit bereiten.
Der klassisch-homöopathische Weg ist bei Allergikern kein einfacher und auch kein kurzer. Grundsätzlich gilt: Je länger das Leiden schon existiert und je weiter es durch unterdrückende Therapien in die Tiefe gezwungen wurde, desto steiniger ist der Weg zum Heilerfolg.
Ich kenne eine Reihe von Fällen, in denen eine Therapie über Jahre ohne nennenswerte Verbesserung des Patientenzustandes fortgesetzt wurde. Klar, man soll nicht zu früh aufgeben. Was mich aber gelegentlich entsetzt, ist die Einstellung mancher alternativen Therapeuten: „Wir schaffen es - wir wissen nur noch nicht wann. Aber wir lassen uns dabei nicht beirren." Das kann bedeuten, dass über die ganze lange Zeit des Therapieversuches der Hund weiterhin unter seinen Symptomen leidet. Man will schließlich verhindern, dass andere Maßnahmen den homöopathischen Weg erschweren. Ich bin selbst Tierheilpraktikerin und praktiziere Homöopathie, aber ganz vorne steht bei mir immer die Empathie zum Patienten. Wie viel darf ich ihm zumuten? Ich kann nur immer wiederholen: Juckreiz ist eine Qual, ebenso wie die anderen Symptome einer Allergie. Und wenn einem Besitzer eines haarigen Allergikers auch nach jahrelanger chronischer (und schmerzhafter!) Otitis immer noch beteuert wird, es handele sich hier um Zeichen einer Entgiftung, dann bleibt mir die Spucke weg.
Gleichwohl gibt es selbstverständlich gute Therapeuten aus der klassischen Homöo-

pathie, die dem kranken Hund eine gute Chance auf Besserung oder Genesung bieten. Auch hier sollte sich der Tierbesitzer gut informieren über Ausbildung und Berufserfahrung. Hilfreich sind die Therapeutenverzeichnisse von verschiedenen Tierheilpraktiker-Verbänden. Meist lohnt auch der Blick auf die eigene Webseite des Naturheilkundlers, um sich über seine Aus- und Fortbildungen zu informieren.
Wenn sie auch allein nicht erfolgreich sein sollte, bietet sich die Homöopathie in der Praxis häufig als Teil einer Therapie an. Mancher Vierbeiner ist einfach besser drauf, wenn er seine Globuli bekommt. Vielleicht benötigt er dadurch seine lindernden Medikamente in niedrigerer Dosierung oder über kürzere Zeiträume.
Für andere, wie Bodo, findet sich wenigstens ein Notfall-Globulus, das aus einer Krise heraushilft. Hier kommt die symptomatische oder organbezogene Homöopathie ins Spiel. Man orientiert sich an bewährten Indikationen und nutzt niedrige Potenzen, der D3 oder D6 etwa. Dabei setzt man den Fokus auf wenige Schlüsselsymptome.

Nehmen wir zum Beispiel Sulfur: Es gilt (unter anderem) als wirksames Hautmittel. Sulfur kann helfen, wenn die Akut-Symptomatik mit Rötung, Brennen und Hitze daherkommt und sehr plötzlich aufflammt. Merkst du was? Sulfur ist Schwefel, das wir von Zündhölzern kennen, und die zeigen: Plötzliches Aufflammen, Hitze, Rötung und Brennen. Sulfur ist eines der Mittel, die ich Bodo im Ernstfall verabreiche (und weiterhin parat halte, sollte es doch mal zu einem Rückfall kommen). Bei den meisten meiner Patienten setze ich Sulfur nicht ein, weil bei ihren Beschwerden die für Sulfur typischen Anzeichen fehlen.
Leider muss ich jetzt jeden enttäuschen,

der erwartet, dass ich hier nach dem Motto „Man nehme..." eine Liste von Homöopathika „gegen Allergien" präsentiere. Wie schon bemerkt, gibt es hunderte von homöopathischen Medikamenten, die den Juckreiz lindern können - aber die funktionieren nur, wenn sie korrekt eingesetzt werden. Gleiches gilt für Nahrungsmittelallergiker mit Magen-Darm-Problemen. Um das individuell richtige Mittel für deinen Hund zu finden, brauchst du einen erfahrenen Tierhomöopathen. Versuch bitte nicht, dich selbst durch eine Reihe von möglicherweise passenden Homöopathika zu probieren.
Bodo scheint inzwischen geheilt. Aktuell darf er alles fressen. Seine letzten allergischen Reaktionen sind schon einige Jahre her: Einmal fand er etwas sehr Leckeres an der Straße und blühte innerhalb weniger als einer Stunde richtig auf, sprich: Er zeigte alle Charakteristiken eines Streichholzes. Glücklicherweise normalisierte er sich genauso schnell, nachdem ich ihm „seine" Globuli gegeben habe. Ein anderes Mal entwickelte er über Tage einen latenten Juckreiz. Als Schuldige identifizierte ich neue Leckerli (ich hatte es nur gut gemeint!). Hier reichte es, Bodo das unverträgliche Produkt vorzuenthalten, und seine Haut beruhigte sich komplikationslos.

Komplexhomöopathie

Bei Komplexpräparaten versucht man, Mittel mit ähnlicher symptomatischer Wirkung zusammenzufassen, was eine Art Breitbandhomöopathie ergibt. Es gibt einige Produkte, die bei einigen Tieren durchaus lindernde Wirkung zeigen. Welches Mittel bei deinem Vierbeiner hilft, ist so individuell wie unsere Hunde selbst.

Einige Produkte:
Bei Hautsymptomen: Alleosal, Adrisin, Cutis comp., ReVet H8, Supra-Cell Nr. 1, Ziegler Sulfur-logoplex und andere.

Bei gastrointestinalen Beschwerden: Diarrheel, Nux vomica-Homaccord, Regu Enteral, ReVet H6, Ziegler Okoubaka logoplex und andere.

Komplexpräparate sind wie homöopathische Einzelmittel apothekenpflichtig. Es gibt sie als Globuli, Tropfen, Tabletten oder in Ampullen zum Injizieren.

Akupunktur

Chinesisch heißt diese Therapieform „Zhen Jiu", wörtlich übersetzt „stechen, brennen". Durch die Reizung der Haut mit Nadelstichen wird der energetische Fluss im Körper ins Gleichgewicht gebracht, denn ein Ungleichgewicht der Energie, so die Theorie der asiatischen Begründer, führt zu Störungen, zu Krankheit. Zum Beispiel in Form einer Allergie.
Die Energie des Körpers fließt in den sogenannten Meridianen, gedachten Körperlinien, auf denen sich die meisten Akupunkturpunkte befinden. Bei einer gesundheitlichen Störung wird zunächst festgestellt, welcher Meridian und welche Punkte auffällig sind. Zeigt ein Punkt „Fülle"? Dann heißt es: Energie ableiten, den Stau auflösen. Fühlt der Therapeut an einer Körperstelle „Leere"? Hier muss Ener-

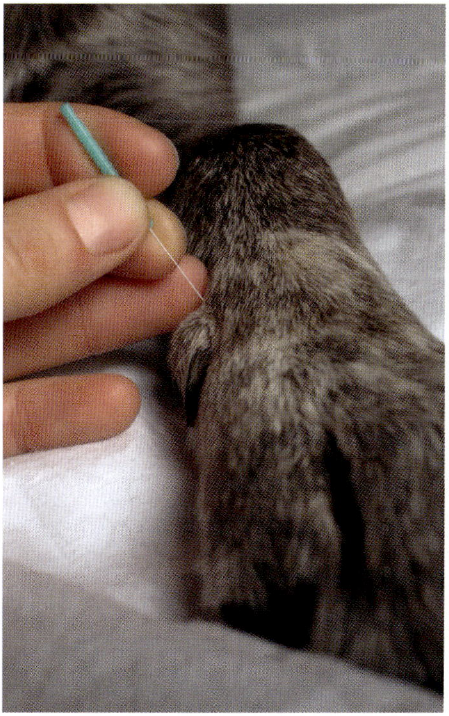

AdobeStock: Sergey, New Africa, steffiheufelder

gie zugeführt werden, um zur Heilung zu gelangen. Die Akupunktur-Diagnostik, also die Feststellung der therapiebedürftigen Punkte, funktioniert beim Tier mangels Sprachvermögen vor allem durch Beobachtung und den feinen Tastsinn des Therapeuten.
Bewiesen ist die Wirksamkeit der Therapie nicht zuletzt durch 5000 (!) Jahre lange, erfolgreiche Anwendung. In China ist die Akupunktur zusammen mit der chinesischen Kräuterheilkunde die wichtigste Therapieart überhaupt und zudem Universitätslehrfach. Inzwischen haben umfangreiche neurophysiologische Grundlagenforschungen ebenso wie klinische Versuchsreihen die Wirksamkeit bestätigt.

Man kann mit der Akupunktur - und verwandten Therapieformen wie Akupressur oder Akupunktmassage - beim Allergiker zumindest Symptome wie Juckreiz oder Diarrhoe lindern. Damit lässt sich die Medikamenten-Dosis verringern und das Allgemeinbefinden des Patienten steigern. Eine Kombination nach der TCM (Traditionelle Chinesische Medizin) mit Heilkräutern kann eine weitere Verbesserung bringen. Spar dir aber bitte das Geld für Kräuter-Fertig-Mischungen, lass dir ein individuelles Rezept von einem Spezialisten erstellen.

Interessant ist eine Kombination von Homöopathie und Akupunktur, genannt Akusiniatrie oder Homöosiniatrie. Hier wird ein homöopathisches Arzneimittel in Akupunkturpunkte injiziert, was die Wirkung beider Therapien verstärken kann. In manchen Fällen eignen sich Komplexmittel besser als die homöopathischen Einzelmittel. Auch Präparate aus der Organotherapie lassen sich so sinnvoll einsetzen.

Eigenblutbehandlungen

Gegensensibilisierung / Unspezifische Immuntherapie

Gleich vorweg: Dies war in meiner Praxis mein Favorit, meine Therapie der Wahl. 2017 habe ich dazu einen umfangreichen Artikel in der Fachzeitschrift „Tierheilpraktiker aktuell" veröffentlicht. Für diesen durchsuchte ich meine Patientenkartei nach Allergikern, die ich mit der Gegensensibilisierung behandelt habe und lange genug beobachten konnte, um festzustellen, ob es einen dauerhaften Erfolg gab. Und siehe da: Bei 80 Prozent gab es eine gute bis sehr gute Verbesserung. Diese Quote ist auch bei einer Studie aus der Humanmedizin dokumentiert (Heiss, F: Allergiebehandlung mit der Gegensensibilisierung (Allergostop), Erfahrungsheilkunde 40(8), 510-13, 1991).
Einer meiner frühen Fälle war mein Dackel Felix. Nach einem schweren seelischen Schock entwickelte er eine fürchterliche Atopie. Laut Bluttest reagierte er auf Katzen (wir hatten zwei Katzen...), Olivenbäume (wir lebten auf Mallorca, der nächste Olivenbaum war nie weit) und diverse Milben. Es gab keine Chance, ihn von den Allergenen fernzuhalten. Seine Krankheit begann, während ich selbst im Krankenhaus lag, und als ich wieder zu Hause war, hatte man ihm Kortison gegeben, um den grausamen Juckreiz zu lindern. Für die Eigenblutbehandlung brauchte ich ihn aber ohne Kortison-Einfluss. Wir setzten das Medikament ab. Als die Symptome erwartungsgemäß wieder einsetzten, lief Felix bald nur noch mit Halskragen herum, denn sobald man diesen entfernte, biss sich der arme Hund blutig. Und das innerhalb von wenigen Minuten. Ich litt mit meinem Hund...
Doch bald konnte ich mit der Gegensensi-

bilisierung beginnen. Ich schwöre: Nach der ersten Spritze dauerte es keine Stunde, bis sich Felix' Juckreiz beruhigt hat. Die folgende Nacht verbrachte er tief schlafend. Ohne Halskragen. Bis zu seinem Unfall-Tod vier Jahre später blieb er ohne jegliche weitere Therapie oder Medikation symptomfrei. Einzig eine leichte Konjunktivitis flammte gelegentlich auf, wenn er zu lange in der mallorquinischen Prärie durchs Buschwerk gesaust war. Ich finde, damit waren wir verdammt nah dran an einer Heilung.

Darf ich begeistert sein? Vor allem, da unter meinen Patientenfällen ebenfalls unzählige überzeugende Verbesserungen eingetreten sind?

Das Herzstück der Gegensensibilisierung ist das Medikament Allergostop der Firma vitOrgan und einige Milliliter Blut des Allergikers. Die Gegensensibilisierung ist also eine Variante der Eigenblutbehandlungen. Aus dem Allergostop und dem klaren Blutserum mischt man eine Stammlösung. Diese ist nach 24 Stunden Ruhe Ausgangsbasis für eine homöopathische Verdünnungslösung, die in aufsteigender Konzentration dem Patienten in oder unter die Haut gespritzt wird. Auch eine orale Verabreichung ist möglich und effektiv.

Bei Allergostop handelt es sich um einen Serumaktivator, der sich an das allergiespezifische IgE anlagert und es strukturell verändert. Damit wird das IgE selbst zum Antigen. Wird dieses jetzt zurück injiziert, kommt es zu einer Immunantwort - das Immunsystem bildet Antikörper gegen die neuen, modifizierten IgE-Antikörper. Diese neu gebildeten Anti-Antikörper neutralisieren die pathologischen Antikörper, die für die Allergie verantwortlich sind, und machen sie unschädlich. Die Symptome gehen zurück. Der neu gebildete Anti-Antikörper wird auch als Gedächtnisinformati-

AdobeStock: annaav

on gespeichert. Kommt der Patient erneut mit dem Antigen in Kontakt, werden die Gedächtniszellen aktiviert und die allergische Reaktion bleibt aus.
Wichtig ist, dass zum Zeitpunkt der Blutentnahme die allergische Reaktion möglichst aktiv ist - denn dann ist der IgE-Spiegel hoch. Man muss also - wie bei Dackel Felix - vorübergehend auf jegliche unterdrückende Medikation verzichten, bis der richtige Moment erreicht ist. Sofort nach der Blutspende darf man bei Bedarf Medikamente gegen den Juckreiz geben. Da die Herstellung der Verdünnungslösungen nur kurz dauert, gibt es keine lange Wartezeit bis zum Beginn der Therapie. Man kann also noch im akuten Stadium beginnen - und bei vielen Patienten ist eine Verbesserung schon in den ersten Tagen der Kur festzustellen. Ein weiterer großer Vorteil ist, dass man nicht bestimmen

muss, wogegen das Tier allergisch ist, und dass auch multiple Allergien behandelt werden können. Die Gegensensibilisierung deckt alle Allergieauslöser ab, die zum Zeitpunkt der Blutentnahme aktiv einen IgE-Antikörper-Ausstoß verursachen. Sollte zu einem späteren Zeitpunkt die Symptomatik neu aufflackern, mag es sich um andere, saisonale Allergene handeln. Man kann dann die Allergostop-Therapie wiederholen. Am besten mischt man dazu die neue Stammlösung mit der früheren.
Warum habe ich eingangs von meiner Lieblingstherapie in der Vergangenheitsform gesprochen? Das hat rechtliche Gründe. Nach dem Tierarzneimittelgesetz (TAMG) dürfen nur noch Tierärzte Allergostop anwenden, denn es handelt sich hier um ein nur für Menschen zugelassenes Arzneimittel. Für den Einsatz am Tier wäre eine Umwidmung erforderlich, und die darf nur der Schulmediziner vornehmen. Schade. Wenn dich für deinen Hund der Versuch reizt: Auf der Webseite der Firma Vit-Organ gibt es ein Therapeutenverzeichnis mit Tierärzten, die Allergostop anwenden. Noch ein letzter Erfahrungswert: Bei Atopien ist die Erfolgschance am größten, bei Futtermittelallergien habe ich eine schlechtere Quote erzielt.

Andere Eigenblutbehandlungen

Das Ziel von Eigenbluttherapien ist eine Umstimmung des Immunsystems. Damit soll die Abwehrleistung des Körpers gestärkt und Überreaktionen wie bei Allergien gemindert werden. Am häufigsten wird die pure Eigenbluttherapie durchgeführt: Dem Patienten wird venöses Blut abgenommen und direkt wieder in den Muskel injiziert. Bei einer anderen Variante wird das Blut mit einem homöopathischen Medikament gemischt und ebenfalls intramuskulär gespritzt. Eine Kur besteht aus mehreren Injektionen (die Häufigkeit und die zeitliche Abfolge bestimmt der Therapeut), die für eine Zunahme von Immunkörpern und somit zu einer Resistenzsteigerung führen sollen. Wichtig beim Allergiker ist, dass nicht einfach nur das Immunsystem „angeheizt" wird, denn damit würde man im ungünstigen Fall auch

die Fehlreaktion verstärken. Eine Eigenbluttherapie hat aber mehr eine ausgleichende und normalisierende Wirkung. Andere Therapeuten versetzen das Blut vor der Re-Injektion mit Ozon oder bestrahlen es mit Licht, oder sie potenzieren es, ähnlich wie bei der Gegensensibilisierung. Eigenblutbehandlungen sind bei vielen chronischen Erkrankungen eine interessante Möglichkeit. Sie sind wirkungslos während immunsuppressiven Therapien.

Bioresonanztherapie

Für die einen ist sie ein pseudowissenschaftlich-alternativmedizinisches Konzept ohne Hand und Fuß. Für die anderen ist sie eine nebenwirkungsarme und sanfte Therapie mit guten Behandlungserfolgen. Die Rede ist von Bioresonanztherapie, die sich auch hinter Bezeichnungen wie Mora-Therapie, biophysikalische Informationstherapie oder Multiresonanztherapie versteckt. Bei diesen Verfahren scheiden sich die Geister noch mehr, als es bei der Homöopathie der Fall ist. Die Bioresonanz wird gerne als absolute Wunderwaffe gegen alle möglichen Befindlichkeitsstörungen und Erkrankungen gehandelt, inklusive Allergien aller Art. Ich selbst übe dieses Therapieverfahren nicht aus und habe auch keine persönlichen Erfahrungen

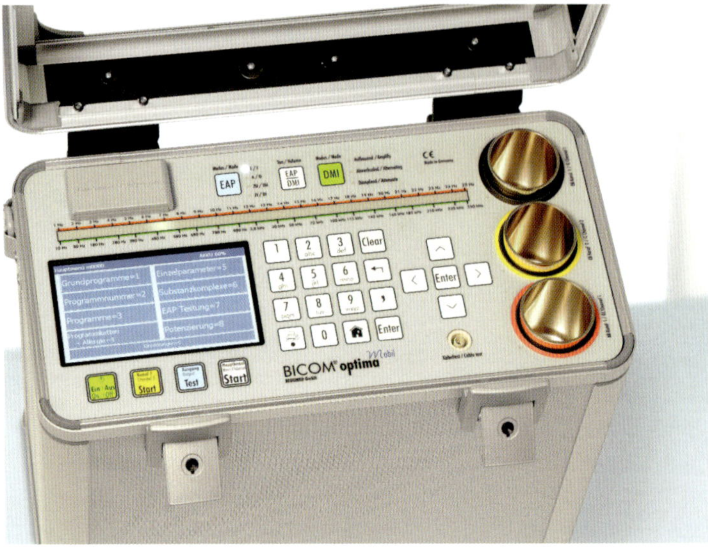

Foto: regumed

Bei der Bioresonanz ist vor allem der Therapeut am Gerät entscheidend für Erfolg oder Misserfolg.

damit. Aber natürlich berichten mir viele Patientenbesitzer über ihre Erfahrungen. Die Theorie hinter der Bioresonanz lautet, dass jeder Körper, aber auch jede Körperzelle, jedes Molekül, jedes Atömchen eine Eigenschwingung besitzt. Zellen tauschen über bestimmte Frequenzen Informationen aus. Die Schwingungen und damit die Kommunikation kann gestört werden, etwa durch Umweltgifte oder seelischen Stress, und so ist der Weg zur Krankheit bereitet. Mit einem Bioresonanzgerät lassen sich zunächst angeblich diese Schwingungen messen und abweichende Frequenzen feststellen, also Disharmonien aufspüren, wie ich bereits im Teil Diagnostik beschrieb. Im zweiten Schritt soll die Möglichkeit bestehen, mithilfe des Gerätes diese Schwingungen wieder in gesunde Harmonie zu bringen. Die Anwendung erfolgt in einigen Praxen unmittelbar am Hund, andere produzieren Globuli mit der Frequenz-Information, die der Organismus für die Heilung braucht. Wieder andere Therapeuten testen per Bioresonanz aus, welches (homöopathische) Medikament dem Patienten helfen mag.

Manche benötigen sowohl für die Diagnose als auch für die Therapie nur ein paar Haare des Kranken und versuchen sich in der Ferndiagnose bzw. -heilung. Wissenschaftlich bewiesen ist die Bioresonanz nicht - und befindet sich damit in bester Gesellschaft mit der Homöopathie.

Ich habe in den vergangenen Jahren interessiert verfolgt, ob und wie es bei konkreten Fällen half. Mein Fazit: Es gibt (wie bei jeder Heilmethode) gute und schlechte Therapeuten. Jeder Hersteller eines Bioresonanz- oder artverwandten Gerätes stellt sein Produkt als das einzig wahre und am sichersten funktionierende dar. Viel wichtiger ist aber die Person, die mit dem Gerät die Testung und die Therapie durchführt.

Wie ich schon sagte: Es gibt bei jeder Heilmethode gute und schlechte Therapeuten. Solltest du auf die Bioresonanz hoffen, dann hör dich um nach einem seriösen Praktiker mit möglichst viel Erfahrung.

Organotherapie

Die Theorie hinter der Organotherapie lautet, dass gesunde Organteile ein erkranktes Organ heilen können. Gibt es also ein Leberproblem, bekommt der Erkrankte Ampullen mit gesunden Leberzellbestandteilen injiziert. Diese sind speziell verarbeitet und - ähnlich wie in der Homöopathie üblich - verdünnt oder potenziert.
Führende Hersteller von Organpräparaten sind die Firmen Heel, vitOrgan, Wala und SaluVet. Wichtig ist, dass die Organotherapie zur Regulationsmedizin gehört, und dass sie auch bei immunologischen Störungen wirksam sein kann. Gerne injiziere ich die Arzneimittel in Akupunkturpunkte (Akusiniatrie oder Homöosiniatrie), um die Wirkung zu verstärken.

Fazit Naturheilkunde

Das waren die gebräuchlichsten Therapien aus der Naturheilkunde. Es gibt viel mehr, es gibt Hunderte von Behandlungsmethoden. Allen gemein ist der ganzheitliche Grundsatz und der kausale Ansatz. Es sollen nicht nur Symptome unterdrückt werden, man will die Wurzel des Übels beseitigen, die Ursache stoppen, das Immunsystem regulieren. Der Weg ist bei allergischen Erkrankungen meist weit und durch ein Auf und Ab gekennzeichnet. Meine Patientenbesitzer führen deswegen ein Allergietagebuch. Wenn die Frustphase mal wieder länger dauert, finden wir in den Aufzeichnungen die Bestätigung, dass die Tendenz stimmt, dass es der Fellnase seit Beginn der alternativen Therapie stetig besser geht. Das motiviert den Halter – und auch mich.

> Das Wohlergehen deines Allergikers hängt aber nicht nur von eurem Therapeuten ab. Du kannst selbst enorm viel für ihn tun.

Viele alltagstaugliche Tipps findest du unter Ergänzende Maßnahmen und Ernährung ab Seite 64.

Der Juckreiz ist das wesentliche Symptom einer Umweltallergie

AdobeStock: nateejindakum

5. Aus der Schulmedizin

Fragt man einen Tierarzt nach den Heilungschancen, dürfte die Auskunft so lauten: Eine Allergie ist nicht heilbar, denn es handelt sich um ein genetisch bedingtes Problem des Immunsystems. Allenfalls ist die Symptomatik beherrschbar durch die Vermeidung der Allergene oder eine (lebenslange) Medikation.
Diese beginnt beim Tierarzt mit der Behandlung der Läsionen, die sich der Hund aufgrund des Juckreizes selbst zugefügt hat. Bäder und andere topische Maßnahmen beruhigen die Haut und unterstützen die Wundheilung. Sind die Schäden tiefer, ist die Haut schon blutig gekratzt oder zerbissen, heilen die Verletzungen schlecht ab oder es zeigen sich eitrige Entzündungen, wird der Tierarzt vermutlich zusätzlich ein Antibiotikum und einen Entzündungshemmer verschreiben. Schon durch diese Schritte kann sich der Juckreiz mindern, denn eine Wundheilung ist durch die damit einhergehende Entzündung auch ohne allergischen Hintergrund häufig mit Brennen und Jucken verbunden, und nach einer längeren Leidenszeit ist die Selbstheilungskraft der Haut geschwächt und kann gut ein wenig Hilfe brauchen. Ich

warne allerdings davor, mit Kanonen auf Spatzen zu schießen. Bei nur leicht geröteter Haut ohne tiefe Schäden und ohne Bakterienbefall (Eiterbildung) würde ich eine antibiotische Behandlung meines Tieres ablehnen. Wir wollen schließlich nicht leichtsinnigerweise die Kräfte seiner Darmflora gefährden.
Bei vielen Allergikern mit Hautsymptomen ist als Sekundärerkrankung eine Pilzbesiedelung festzustellen, gegen die der Tierarzt ebenfalls Medikamente einsetzen wird. Das können Pillen sein und/oder Spezial-Shampoos. Mein Rat: Die systemische Pilzmedikation, also die in Tablettenform, ist bei manchen Mitteln mit extremer Leberbelastung verbunden. Frag deinen Tierarzt danach. Eine topische, also äußerliche Behandlung, ist sicher schonender. Weiter unten findest du verschiedene Mittel aus der Naturapotheke, die ohne Nebenwirkungen den Pilz vergrämen.
Auch bei Durchfall beginnt der Veterinär in der Regel mit der symptomatischen Behandlung mittels Antibiotika und Antispasmolytika. Bevor überhaupt erkannt wird, dass die Diarrhoe Ausdruck einer allergischen Reaktion ist, ist das die schulmedizinische Standard-Therapie.
Dem Hauptsymptom der Allergie, dem Juckreiz, rückt man mit unterschiedlichen Ansätzen zu Leibe:

Kortison

Bis vor wenigen Jahren war dies bei allergischen Reaktionen das Arzneimittel der Wahl - mangels anderer Wirkstoffe, versteht sich. Kortison ist ein körpereigenes Hormon aus der Nebennierenrinde. Es gehört zu den Glukokortikoiden, die eine wichtige Rolle in vielen Stoffwechselprozessen spielen. Bei der Allergiebehandlung finden diese Steroide ihren Einsatz aufgrund der entzündungshemmenden Eigenschaft. Diese ist Fluch und Segen zugleich. Denn durch das Kortison werden nicht nur die Entzündungen gehemmt, die aufgrund der Fehlschaltung entstehen. Das Kortison fährt das komplette Immunsystem runter. Diese Immunsuppression schwächt auch die Abwehr gegen tatsächlich krankmachende Erreger, weswegen die Medikation immer gut begründet sein sollte.
Vor allem bei langfristigem Einsatz drohen zahlreiche Nebenwirkungen auf den gesamten Organismus. Der Stoffwechsel entgleist, es erhöht sich der Blutzuckerspiegel. Auffällig ist zunächst, dass Bello säuft wie ein Loch und seinem Menschen pausenlos suggeriert, er sei vom Hungertod bedroht. Es empfehlen sich zusätzliche Gassi-Gänge (das viele Trinken muss ja irgendwann irgendwo hin) und der schlanken Linie wegen eine gesunde Portion Sturheit in Sachen Fütterung.
Je länger mit Kortison therapiert wird, desto heftiger fallen die Nebenwirkungen aus. Der Hund lagert Fett und Wasser ein, seine Figur verändert sich (auch ohne Rationserhöhung). Es kann eine Änderung im Calcium-Phosphor-Verhältnis entstehen, sodass die Knochen brüchig werden. Die Haut verdünnt sich, das Fell verliert seinen Glanz. Die Arbeit von Leber und Niere wird gestört, weil der für die Steuerung zuständige Hormoncocktail nicht mehr stimmt. Das synthetisch hergestellte Kortison ist außerdem leberbelastend.
Im Extremfall kann der Hund ein Cushing-Syndrom entwickeln (siehe nächste Seite). Dieses entsteht durch ein dauerhaftes Überangebot von Kortison im Körper. Dabei spielt es keine Rolle, ob es sich um das körpereigene Hormon handelt oder ob es von außen zugeführt wird. Die biochemischen und klinischen Veränderungen im Körper nehmen zu mit der Dauer des Hormonüberangebotes.

Damit die Nebennierenrinde die Produktion nicht völlig einstellt und um die Nebenwirkungen möglichst gering zu halten, wird heutzutage Kortison immer in möglichst kleinen Dosen gegeben. Der Tierarzt beginnt mit einer garantiert wirksamen Dosis und reduziert dann die Menge nach und nach so lange, bis die minimal erforderliche Dosierung herausgefunden wurde. Solltest du jetzt aufgrund der Nebenwirkungen erschrocken sein, dann mach bitte trotzdem eines **auf keinen Fall:** Das Kortison einfach weglassen. Um Kortison abzusetzen, muss man es sehr langsam ausschleichen, damit die Nebennierenrinde sich wieder ans selbständige Produzieren gewöhnt. Besprich unbedingt deine Ängste mit dem behandelnden Tierarzt. Vorher solltest du noch dieses Buch zu Ende lesen, dann kannst du ihm vielleicht Alternativen vorschlagen.

Symptome des Cushing-Syndroms

- Hunger und Durst
- Muskelabbau und Fettspeicherung
- Stammfettsucht - dicker Bauch auf dünnen Beinen
- Atemprobleme, Hecheln
- Augenprobleme
- Verhaltensänderungen
- Diabetes
- Osteoporose
- Haarausfall bis hin zu nackten Stellen
- Wechsel der Fellfarbe
- verlangsamtes Haarwachstum
- Dünne Haut
- Hauterkrankungen
- Verzögerte Wundheilung

Übrigens: Das bei Allergien eingesetzte Glukokortikoid ist meistens ein synthetisch hergestellter Wirkstoff mit dem Namen „Prednisolon". In vielen Medikamentennamen taucht irgendwo ein „pred", ein „cort" oder ein „lon" auf.
Ist der allergische Juckreiz lokal auf kleine Flächen begrenzt, kann man ihn mit kortisonhaltigen Salben behandeln, die nicht die gefürchteten Nebenwirkungen im ganzen Körper auslösen.
Die lindernde Wirkung auf den Juckreiz setzt unter Kortison in den meisten Fällen

schon innerhalb weniger Stunden ein. Das gilt zumindest für die Atopie und die Flohbissallergie. Bei Futtermittelallergien ist nicht unbedingt eine Verbesserung zu erwarten.

Antihistaminika

Antihistaminika gehören beim Heuschnupfen des Menschen zu den wichtigsten Medikamenten. Sie sind unter Produktnamen wie Ceteriein, Lorano oder Diphenhydramin erhältlich. Auch bei Hunden können sie gegen den allergischen Juckreiz eingesetzt werden. Allerdings ist die Erfolgsquote mit nur zwanzig bis dreißig Prozent gering. Zudem werden manche Hunde durch die Medikamente extrem müde und schläfrig. Dass Antihistaminika nur so wenigen Hunden helfen, liegt daran, dass beim Hund andere Botenstoffe wichtiger sind. Erst seit wenigen Jahren aber gibt es Medikamente, die genau dort ansetzen, nämlich die Januskinase-Hemmer.

Januskinase-Hemmer

An dieser Stelle müssen wir uns noch einmal kurz die Erläuterungen über das Immunsystem ins Gedächtnis rufen. Du erinnerst dich an die Zellbotenstoffe oder Mediatoren, die die Entzündungsreaktionen auslösen. Beim Hund spielt das Histamin nur eine untergeordnete Rolle; viel interessanter ist die Januskinase, die zum überwiegenden Teil bei einer Allergie für den Juckreiz verantwortlich ist. Das verhindert ein Januskinase-Hemmer. Der Wirkstoff heißt Oclacitinib und hat unter dem Produktnamen Apoquel in kürzester Zeit eine beeindruckende Karriere gemacht. Kaum ein Besitzer eines bellenden Allergikers kennt Apoquel nicht. Ein wichtiges Verkaufs-Argument ist und war, dass man den Juckreiz des Hundes ohne Kortison lindern kann. Viele Pressemitteilungen kündigten bei seiner Einführung im Jahr 2014 das Medikament entsprechend euphorisch an: Der Januskinase-Inhibitor Oclacitinib biete „eine gute Chance auf ein weitgehend juckreizfreies Leben", es wurde die kortisonfreie Behandlung betont und die rasche und kontinuierliche Wirkung. Dazu kämen eine gute Verträglichkeit und die Eignung sowohl für den kurzfristigen als auch für den saisonalen und dauerhaften Einsatz.

Das hört sich gut an, oder? In der Beliebtheit hat Apoquel denn auch in Nullkommanix Cyclosporin (siehe nächster Abschnitt) überholt, denn es wirkt innerhalb weniger Stunden, und das bei etwa zwei Drittel aller behandelten Hunde. Vielen Anwendern ist aber nicht bewusst, dass nicht nur Kortison, sondern auch Apoquel direkt auf das Immunsystem wirkt. Deswegen sollte es **nicht** bei Hunden mit Tumoren* oder Immunschwäche gegeben werden, und es kann Arzneimittel-Wechselwirkungen mit Impfungen geben. (Ich rate bei Allergikern eh zum extrem geizigen Impfmanagement, dazu kommen wir noch.)

**Dazu hat das Institut für Veterinärpharmakologie und -toxikologie, Zürich (www.vetpharm.uzh.ch) formuliert: „Oclacitinib moduliert das Immunsystem und kann die Infektanfälligkeit erhöhen sowie neoplastische Zustände verschlimmern. Hunde, welche Apoquel-Tabletten erhalten, sollten daher auf die Entwicklung von Infektionen / Infestationen oder Neoplasien überwacht werden."*

Als häufige **Nebenwirkungen** sind Erbrechen, Appetitmangel und Diarrhoe bekannt. Weiterhin wurden Haut- und Unterhautschwellungen, Lethargie und übermäßiger Durst beobachtet. Aus dem Beipackzettel zitiere ich weiter: „Nach Tag 16 wurden, zusätzlich zu den oben genannten klinischen Symptomen und bei mehr als 1% der mit Oclacitinib behandelten Hunde auftretend, abnorme klinische Anzeichen beobachtet, wie Pyodermie, unspezifische Hautschwellungen, Otitis, Histiozytom, Blasenentzündung, Hefepilz-Infektionen der Haut, Pododermatitis, Lipom, Lymphadenopathie, Übelkeit, erhöhter Appetit und Aggression." *Mehr als 1 %* bedeutet, dass es bei mehr als einem von hundert Hunden zu den genannten Auffälligkeiten kam. So ganz ohne ist dieses Medikament also nicht - auch wenn das manche Tierärzte so darstellen und in Hundeallergie-Foren manchmal der Eindruck entsteht, dass man Apoquel bedenkenlos in quasi jeder Lebenslage dauerhaft geben darf. Apoquel gibt es in Tablettenform. Man gibt initial zweimal täglich eine Tablette mit der Wirkstoffmenge entsprechend der Größe des Hundes, nach etwa zwei Wochen wird auf einmal täglich reduziert. Bei einigen Patienten lässt die Wirkung mit der Zeit nach, was nicht einmal durch eine Höherdosierung aufzufangen ist. Der Grund für den wieder aufflackernden Juckreiz kann ein Hautpilz sein - wird dieser behandelt, ist auch die Apoquel-Wirkung wieder besser.

Übrigens - Hefepilze stehen im Beipackzettel als mögliche Nebenwirkung, und Hautpilze sind immer ein Zeichen einer schwachen Immunabwehr...

Hunde unter einem Jahr und mit weniger als drei Kilo Körpergewicht dürfen nicht mit Apoquel behandelt werden.

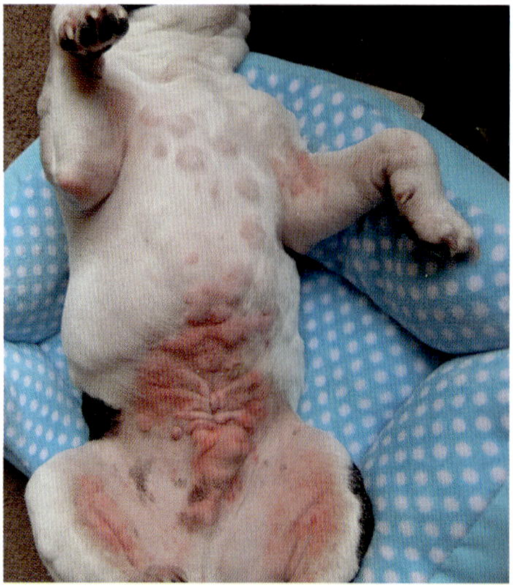

Foto: itchyfrenchie

Extremer Juckreiz, exzessives Kratzen, Hautentzündung und Hautverdickung. Dieser Hund braucht Hilfe.

Cyclosporin (Ciclosporin)

So mancher Besitzer eines haarigen Allergikers hat damit schon Bekanntschaft gemacht, wenn nicht unter dem Namen Atopica, dann als Cyclavance oder Sporimune. Cyclosporin kommt in der Natur in Schimmelpilzen vor, für die medizinische Anwendung wird es synthetisch gewonnen. Es gehört wie Kortison zu den immunsup-

pressiven Wirkstoffen.
In der Humanmedizin setzt man Cyclosporin vor allem nach Transplantationen ein, um Abstoßungsreaktionen zu verhindern. Bei einer hohen Dosierung steigt allerdings das Krebsrisiko signifikant an, eben weil das gedeckelte Immunsystem nicht mehr in der Lage ist, entartete Zellen zu vernichten. Und nicht nur das: Laut einer amerikanischen Studie hat Cyclosporin eine direkte Wirkung auf das Tumorwachstum (Hojo, M., et al., 1999, Nature 397, 530 - 534).
Unter den Cyclosporin-Produkten war besonders Atopica vorübergehend schwer in Mode bei der Behandlung der Hunde-Atopie. Da viele Halter die Verschreibung von Kortison ablehnen, kam dieses neue Medikament gerade recht. Dass es ebenso immunsuppressiv ist und die Nebenwirkungen keinesfalls erträglicher sind als die von Glukokortikoiden, blieb für die meisten Hundebesitzer im Dunkeln.
Am Anfang der Medikation zeigen sich als häufigste unerwünschte Effekte Übelkeit und Erbrechen - diese lassen aber meist im Laufe der Behandlung nach. Der Körper muss sich wohl zunächst an das Schimmelpilz-Gift gewöhnen. Darüber hinaus drohen bei längerer Medikation Schädigungen von Nieren und Leber, weswegen unter der Behandlung mit Cyclosporin regelmäßige Blutkontrollen besonders wichtig sind. Weiterhin können Zahnfleischwucherungen, Hautveränderungen und Ödeme auftreten, und es kann zu Muskelschwäche oder Muskelkrämpfen kommen. Manche Hunde zeigen Verhaltensveränderungen wie Lethargie oder Hyperaktivität. Ein großer Nachteil ist, dass die lindernde Wirkung von Atopica erst nach zwei bis vier Wochen einsetzt.
Viele Tierärzte sind von ihrer anfänglichen Begeisterung für Cyclosporin abgekommen und verschreiben es Atopikern nur noch, wenn Oclacitinib (Apoquel) nicht wirkt und eine Kortison-Therapie nicht oder nur in einer hohen Dosierung möglich ist, die ein zu starkes Cushing-Risiko mit sich brächte.
Ja, da ist sie wieder, die Wahl zwischen Pest und Cholera. Einerseits kann man einen Hund im Falle einer Allergie nicht allein lassen mit dem unerträglichen Juckreiz. Andererseits ist die Zahl der Krebserkrankungen bei Hunden immens hoch, und nicht nur deswegen braucht das Tier ein funktionierendes Immunsystem. Daher sollte jeder verantwortliche Hundebesitzer den alternativen Heilmethoden eine adäquate Chance geben - und nur wenn diese versagen, dem Einsatz von immunsup-

AdobeStock: Eliška,

pressiven Medikamenten zustimmen.
Aber wir sind noch nicht am Ende mit den therapeutischen Möglichkeiten. Die Menge an vierbeinigen Allergikern motiviert die Pharmaindustrie zu Höchstleistungen, und so kam im Sommer 2017 ein neues Medikament auf den deutschen Markt, das einen anderen Ansatz verfolgt. Es handelt sich um Monoklonale Antikörper.

Monoklonale Antikörper
In den wenigen Jahren seit Zulassung hat der Name Cytopoint einen ebenso hohen Bekanntheitsgrad errungen wie Apoquel oder Atopica. Dieses Medikament kann eine Allergie ebenfalls weder verhindern noch heilen, aber es setzt einen Schritt früher und gezielter an als die bisher genannten. Der Wirkstoff heißt Lokivetmab und ist ein monoklonaler Antikörper. Das sind künstlich (gentechnisch) hergestellte Antikörper, die gezielt Krankheitserreger, Tumorzellen oder krankmachende Substanzen neutralisieren sollen.
Und wie wirkt das bei unseren allergischen Fellnasen? Bei Hunden mit atopischer Dermatitis findet man einen erhöhten Spiegel an Interleukin 31 (IL 31). Diesen Botenstoff macht man für den Juckreiz verantwort-

lich, indem er die uns schon bekannte Januskinase aktiviert. Lokivetmab neutralisiert IL 31, und das bedeutet schlicht und einfach: Keine Januskinase - kein Juckreiz (es sei denn, dieser wird durch andere Botenstoffe ausgelöst). Kein Juckreiz - keine Selbstverstümmelung.
Cytopoint wird unter die Haut gespritzt. Empfohlen ist ein monatlicher Injektionsintervall. Man muss aber keine strikten zeitlichen Abstände zwischen den Injektionen einhalten, sondern kann mit der nächsten Spritze individuell abwarten, bis das Medikament auswirkt. So gibt es Hunde, deren Symptomatik schon nach zwei Wochen wieder aufflammt, bei anderen reicht die Medikation alle acht Wochen. Manche Hunde mit saisonaler Atopie brauchen die Spritze nur ein oder zweimal jährlich. Die Wirkung setzt schon innerhalb von 24 Stunden ein - aber auch bei Cytopoint gibt es Therapieversager. Immerhin heißt es, dass sich bei drei Vierteln der behandelten Hunde eine deutliche Besserung zeigt.
Ganz ohne Nebenwirkungen ist natürlich auch dieses Medikament nicht zu haben. Im Beipackzettel werden seltene Fälle von Überempfindlichkeitsreaktionen (Anaphylaxie, Gesichtsödem, Urtikaria), auch zusammen mit Erbrechen oder Durchfall, sowie von neurologischen Symptomen (Krämpfe, Anfälle oder Ataxie) angegeben. Selten bedeutet bis zu zehn von 10.000 behandelten Tieren. Aufgrund der engen Spezialisierung werden andere Vorgänge im Körper (und im Immunsystem) angeblich kaum beeinflusst. Der Abbau der monoklonalen Antikörper erfolgt, wie der von anderen Proteinen; Leber und Nieren sollen kaum belastet werden.
Mein Fazit: Das Konzept erscheint logisch

und die bisherigen Erfahrungen sind wirklich gut. Ich persönlich rate zu Cytopoint, wenn alternative Therapien nicht greifen und es nicht möglich ist, die Allergene zu vermeiden - vor allem, wenn der Hund nach langer Juckreiz-Qual eine Pause braucht, die der Haut eine Heilung und Hund und Herrchen einige Nächte ruhigen Schlafes ermöglicht.
Soweit zu den Medikamenten, die direkt den Juckreiz stillen sollen. Aus der Schulmedizin gibt es darüber hinaus noch den Ansatz der De- oder Hyposensibilisierung.

De- oder Hyposensibilisierung
Diese Therapie ist auch als Allergieimpfung oder spezifische Immuntherapie bekannt. In regelmäßigen Abständen injiziert der Tierarzt dem Patienten einen Allergenextrakt. Er beginnt mit einer winzigen Dosierung und steigert allmählich die Menge

AdobeStock: Eliška,

der Allergene. So soll sich der Körper allmählich an den vermeintlich gefährlichen Stoff gewöhnen und die übertriebenen Reaktionen darauf aufgeben. Die Kur wird über einen Zeitraum von mehreren Jahren durchgeführt, allerdings gehen immer mehr Tierärzte von einer lebenslangen Therapiedauer aus.
Für die Herstellung des Impfcocktails ist die Bestimmung der Allergieauslöser Voraussetzung. Wir wissen bereits, dass diese durch einen Blut- oder einen Intrakutantest möglich ist. Beide Vorgehensweisen erzielen aber nur bedingt genaue Resultate. Im Prinzip ist es unmöglich, mit hundertprozentiger Gewissheit herauszufinden, auf welche Substanzen der Körper allergisch reagiert. Denn es wird nur auf eine übersichtliche Zahl von Stoffen getestet, die für ihr allergisches Potential bekannt sind. Wir kommen aber

tagtäglich mit zigtausenden Stoffen in Kontakt, und niemand kann sagen, auf welche das Immunsystem noch hysterisch reagiert - denn wer nicht danach sucht, wird nicht finden.
Die Erfolgsaussichten der Desensibilisierung sind akzeptabel, wenn es nur einen oder zwei Auslöser gibt. Bei multiplen Allergien lässt sich allenfalls eine Verminderung der Symptome erreichen, Symptomfreiheit oder gar Heilung ist nicht zu erwarten. Dafür sind die Kosten für die Bestimmungstests, den Allergenextrakt und die regelmäßigen Injektionen hoch, und die (lebens-)lange Dauer ist auch nicht gerade ein Argument für diese Therapie. Die Compliance der Halter ist entsprechend niedrig. Viele brechen die Kur ab, wenn nach einem Jahr oder länger immer noch keine Besserung zu verzeichnen ist, der Hund also weiterhin auf die Medikamente angewiesen ist, die er auch ohne die Desensibilisierung konsumieren müsste.

AdobeStock: Donna White

AdobeStock: Eliška,

Fazit Schulmedizin

Vielleicht hast du dir bei der Beschreibung der Medikamente, die den Juckreiz blockieren, innerlich die Hände gerieben. „Hat zwar ein Nebenwirkungs-Risiko", denkt sich mancher, „aber solange es funktioniert...".
Bitte verlass dich nicht darauf. Zu mir kommen immer wieder Menschen mit vierbeinigen Allergikern, bei denen Produkte wie Apoquel oder Cytopoint wirkten, aber leider nur vorübergehend. Dann begann das gequälte Kratzen erneut und ließ sich nicht einmal mehr durch höhere Dosierungen kontrollieren. Denn die Juckreizstopper sind eben nur dies – sie unterdrücken nur einzelne Symptome. Eine ursächliche Wirkung, eine Heilung, ist im Preis nicht enthalten. Deswegen: Nutze die Chance. Genieße es, solange dein Hund frei von Juckreiz und Ohrenentzündungen ist, aber sorge vor. Dies ist die perfekte Phase, um eine immunregulierende Therapie durchzuziehen. So wird dein Hund langfristig nicht immer stärkere und höher dosierte Medikamente mit der entsprechend vergrößerten Gefahr auf unerwünschte Nebenwirkungen brauchen. Stattdessen kannst du beobachten, wie sein Immunsystem nach und nach zur Ruhe kommt. Er braucht weniger Pillen, Spritzen und Bäder, er wird endlich zum gesunden, ausgeglichenen, glücklichen Tier.
Das gilt auch für Flohspeichel- und Futtermittelallergiker. Wenn du herausgefunden hast, auf was dein Liebling mit Symptomen reagiert, hältst du es von ihm fern. Das ist ein wichtiger Schritt für die Heilung, denn solange keine Antigene neue Entzündungen hervorrufen, können sich die gepeinigten Gewebe beruhigen und Barrieren stärken. Das reicht aber nicht. Nutze die symptomfreie Phase für eine gezielte Darmsanierung. Auch hier lautet die Zielvorgabe: Die Darmschleimhaut heilen, die Darmflora aufbauen, das Immunsystem regulieren.

AdobeStock: Krystsina

6. Ergänzende Maßnahmen

Wir können eine Menge tun, um unserem haarigen Allergiker zu helfen. Wie es dem Vierbeiner geht, hängt nicht nur von Arzneimitteln und Tierärzten ab. Genauso wichtig ist, dass du selbst ihm mit geeigneten Mitteln das Leben erleichterst. Damit können schulmedizinische Medikamente niedriger dosiert werden, was die Gefahr von Nebenwirkungen vermindert. Vielleicht kommt dein Hund sogar - zumindest phasenweise - ohne Tabletten aus.

Wir können einerseits innere Unterstützung geben und damit die Tendenz des Immunsystems zur Fehl- oder Überreaktion beeinflussen. Auf der anderen Seite gibt es eine Reihe topischer Maßnahmen, also äußerliche, örtliche Behandlungen mit Waschungen und lokalen Therapien. Keine Sorge - du musst nicht alles übernehmen, was ich in diesem Kapitel aufführe. Das schafft niemand!

Voraussichtlich wirst du das eine oder andere ausprobieren und für deinen Hund als nicht hilfreich abhaken. Aber du wirst herausfinden, was ihm wirklich hilft und was in deinem bzw. eurem Alltag ohne Stress umsetzbar ist. Zum Ausprobieren aber noch eine Warnung: Es hat keinen Zweck, jede Woche ein neues Nahrungsergänzungsmittel zu geben oder gar hektisch das Futter umzustellen. Um Erfolg oder Misserfolg festzustellen, braucht es Zeit. Wenn du etwas Neues beginnst, dann beobachte entspannt und ohne zu große Erwartungshaltung, ob sich etwas verändert. Sei geduldig! Dabei ist dir ein Allergietagebuch eine wertvolle Hilfe.

Ein Modell hierfür stelle ich im Anhang auf Seite 142 vor.

Ernährung

„Da musst du barfen!" - Ein häufig gehörter Ratschlag bei der Allergie des Hundes. Barf steht als Abkürzung für „Biologische artgerechte Rohfütterung". Der Hund bekommt also weder Pellets aus der Tüte noch Brei aus der Dose. In seinem Napf landet nur frisches Fleisch, ungekocht, und Gemüse, ebenfalls roh oder gedünstet. Man orientiert sich bei dieser Ernährungsform an der des Wolfes, dem Urvater unserer Pfiffis.
Barfen ist seit einigen Jahren ein absoluter Hype, etwa so wie der Veganismus bei Menschen. Genauso wird auch missioniert. Manchmal möchte man nur noch weglaufen... Zumindest ging es mir so (ich mag keine Hypes), bis ich mich sachlich mit der Thematik beschäftigte. Seitdem halte ich es für empfehlenswert.

Allerdings würde ich keinem Allergiker-Besitzer sagen: „Da musst du barfen und dann ist alles gut".
Die Fütterung an sich ist aber ein zentrales Thema in Bezug auf allergische Erkrankungen, und das nicht nur bei Futtermittelallergikern. Alles, was wir unserem Hund in den Napf tun oder als Leckerli aus der Hand geben, beeinflusst sein Immunsystem. Es ist nicht anders als bei uns Menschen: Eine gesunde, ausgewogene Ernährung ist die beste Vorbeugung gegen Krankheiten. Das gilt auch für unsere Hunde. Was des Menschen Junkfood, ist des Hundes billiges Trockenfut-

Du bist, was du frisst.

AdobeStock: 2ragon

ter. Der gemeine Verbraucher schaut bei Verpackungen nur auf die Vorderseite und liest: „Mit viel frischem Fleisch!" - „Mit Kaninchen und Möhren!" oder „Mit gesunden Innereien!" Zur weiteren Überzeugung des Käufers findet sich dann der Hinweis: „Ohne Zusatz von Geschmacksverstärkern" oder „Garantiert ohne künstliche Farbstoffe". Dazu ein ansprechendes Foto eines wunderschön glänzenden Rassehundes vor einem Napf mit verführerisch angerichtetem Fertigfutter.

Und jetzt drehen wir den Sack um und lesen das Kleingedruckte. Also die Deklaration der Inhaltsstoffe, die meistens tatsächlich extrem winzig gedruckt ist. Sie beginnt gerne mit Reis, Weizen und/oder Mais oder, schlicht verallgemeinert, mit Getreide. Danach kommt vermutlich „Fleisch und tierische Nebenerzeugnisse". Oder vorher noch „Gemüse und pflanzliche Nebenerzeugnisse". Die Liste wird fortgeführt mit „Öle und Fette", Gemüse, Mineralstoffe, Eiweißextrakte, Fisch und Fischnebenerzeugnisse.

Das hört sich doch gar nicht so schlecht an? Nun, der informierte Konsument weiß: „Nebenerzeugnisse" sind Abfälle aus der Industrie, und man kann froh sein,

wenn es sich dabei nur um Überbleibsel aus der Nahrungsmittelindustrie handelt. Auch „Öle und Fette" sind vermutlich Reste, die es günstig zu entsorgen galt. Und beim Getreide, wozu wir Reis und Mais zählen, handelt es sich ebenfalls um den zusammengefegten Ausschuss aus anderen Verarbeitungsbetrieben. Unser geliebter Vierbeiner ist nichts anderes als ein Müllschlucker.

Nehmen wir mal ein konkretes Beispiel, ein viel verkauftes Trockenfutter, das ein namhafter Hersteller anbietet. Vorne auf dem Beutel steht: „Mit Huhn und Gemüse". Dazu suggeriert die Aufmachung der Verpackung, mit diesem Futter schütze man die Gesundheit seines haarigen Lieblings auf ganz besondere Weise. Jetzt suchen wir auf der Rückseite des Sackes die deklarierten Inhaltsstoffe (das ist manchmal nicht leicht, weil die Hersteller

AdobeStock: Chalabala, JackF

heutzutage international verkaufen und die Säcke in zig Sprachen eng beschriftet sind). Da steht:

„Getreide, Fleisch und tierische Nebenerzeugnisse (18%, u.a. 4% Huhn in den braunen Stückchen), Öle und Fette (u.a. 0,4% Sonnenblumenöl), pflanzliche Eiweißextrakte, pflanzliche Nebenerzeugnisse (u.a. 1% getrocknete Rübenschnitzel), Gemüse (4% Karotten in den orangefarbigen Stückchen, 4% Erbsen in den grünen Stückchen), Mineralstoffe."

Was heißt das jetzt auf realistisch? Die Reihenfolge der Aufzählung beginnt immer mit dem Inhaltsstoff, der in größter Menge enthalten ist. Im vorliegenden Beispiel dürfte der Getreideanteil bei 60 bis 70 Prozent liegen, denn das Fleisch inklusive der tierischen Nebenerzeugnisse ist ja nur mit einem Anteil von 18 Prozent angegeben.

Der Hund lebt nicht vom Fleisch allein. Rein anatomisch ist er ein fleischlastiger Allesfresser. Er braucht nicht nur tierische Lebensmittel, auch Ballaststoffe sind wichtig, und diese stammen aus pflanzlichen Quellen. Aber 70 Prozent Getreide? Ein Hund ist kein Huhn. Getreide ist keine adäquate Nahrung für ihn, auch wenn er das vermutlich eine gute Weile irgendwie überleben wird. Und Abfälle möchten wir ihm auch nicht füttern.

Die unterirdische Qualität der verarbeiteten Inhaltsstoffe muss natürlich irgendwie ausgeglichen werden. Deswegen setzen die Hersteller dem Abfallgemisch Mineralstoffe und Vitamine zu. Nicht selten in zu hohen Mengen, was langfristig bei vielen Hunden gesundheitliche Probleme auslöst. Und wir wissen, dass künstliche, also synthetische Vitamine die originalen aus der Natur nur unzureichend ersetzen können.

> **Also: Finger weg von billigen Futtersäcken.**

Es gibt hochwertige Fertigfutter - die erkennt man zum Beispiel daran, dass genau aufgeführt ist, welche Fleisch- und Gemüsesorten verarbeitet wurden. Für einen Futtermittelallergiker wie Bodo ist das ein Muss - hätte ich ihm Pellets gegeben mit „Tierischen Nebenerzeugnissen", was vermutlich unter Geflügelabfälle enthält, hätte er sich in Nullkommanix blutig gekratzt. Doch auch für meine nicht-allergischen Hunde wünsche ich mir zu wissen, was sie zu sich nehmen (außer sie finden etwas auf dem Acker, das will ich manchmal nicht so genau sehen). Ich selbst konsumiere ja auch kein Müsli mit der Aufschrift „Getreidereste und Trockenfrucht-Abfälle unbekannter Herkunft".

Gerade bei Allergikern mit ihrer sensiblen Immuntoleranz ist außerdem wichtig, dass die Zahl der Inhaltsstoffe übersichtlich ist und dass diese möglichst natürlich sind. Was die Verarbeitung angeht, durch die naturgemäß viele Nährstoffe zerstört werden, ist ein kaltgepresstes Trockenfutter dem üblichen, extrudierten vorzuziehen. Viel besser ist in der Dose gegartes Nassfutter. Wenn dann noch die enthaltenen Lebensmittel Bio-Qualität haben, tut man nicht nur seinem Hund etwas Gutes, sondern auch der Natur. Abgesehen von den Lebensbedingungen der verarbeiteten Fleischlieferanten.

Mit einem guten Fertigfutter ist schon eine Menge gewonnen, doch nach oben ist noch vieeel Luft. Ich erwähnte ja schon, dass ein großer Teil des Immunsystems seine Heimat im Darm hat? Das ist der Ort, wo aus dem Futter Nährstoff wird, der eine unmittelbare Wirkung auf die Darmflora ausübt. Wenn man diesen Zusammenhang einmal begriffen hat, gibt es keinen Zweifel mehr darüber, dass eine gesunde Ernährung der wichtigste Baustein für ein starkes und ausgeglichenes Immunsystem ist.

Wenn wir die Allergie bekämpfen wollen, führt der Weg über das Immunsystem. Insbesondere über den Darm. Um die Immunaktivität zu regulieren, hilft es, den Körper vor Allergenen zu schützen. Diese finden den Weg in den Körper über Haut und Atemwege, aber vielfach auch über den Magen-Darmtrakt. Und das betrifft nicht nur alimentäre Allergene.

Für den Schutz des darmassoziierten Immunsystems in der Darmschleimhaut ist zum großen Teil das Mikrobiom verantwortlich. Es gilt also, dieses zu beschützen und zu unterstützen. Für ein ausgewogenes Mikrobiom können wir viel tun. Vor allem über die Ernährung: gut verwertbare Eiweiße, hochwertige Fette und ausreichend Ballaststoffe nähren die „guten" Biota. Zucker und kurzkettige Kohlenhydrate stärken vor allem unerwünschte Pilze, Parasiten und krankmachende Darmbakterien. Diese haben zwar in jedem Hundedarm die wichtige Aufgabe, das Immunsystem zu trainieren. Nur dürfen sie sich keinesfalls zu sehr vermehren.

Mit einer möglichst natürlichen Ernährung bist du am besten beraten. Das wäre dann also nach der Methode BARF. Jetzt kommt das große Aber: Es reicht nämlich nicht aus, dem Hund eine angemessene Menge rohes Fleisch hinzulegen. Damit wird er über kurz oder lang Mangelerscheinungen bekommen, die sich in vielfältigen Krankheitsbildern äußern können, unter anderem in Darm- und Hautproblemen und Allergien. Wer seinen Hund barfen oder für ihn selbst kochen will, muss sich mit der Materie beschäftigen, um eine dauerhaft ausgewogene Diät anzubieten.

Daher empfehle ich, einen Ernährungsberater zu konsultieren und mit seiner Hilfe die Diät des Vierbeiners zu optimieren. Alternativ gibt es viel Literatur zu dem Thema, so dass man sich auch einlesen kann. Wer beides ablehnt, sollte bei gekauftem, natürlich qualitativ hochwertigem Futter bleiben nach der Devise:

Lieber gut gekauft als schlecht gebarft. Wie wichtig das Thema Ernährung für Futtermittelallergiker wie auch für Atopiker ist, hat 2007 Anna Katharina Glos in ihrer Doktorarbeit an der Uni München herausgestellt. Bei den von ihr beobachteten Atopikern hatten sich unter kontrollierter Fütterung teilweise deutliche Verbesserungen des Hautbildes gezeigt, bei einigen hatte der Juckreiz signifikant nachgelassen. In der Zusammenfassung schreibt Glos: „Diese Studie lässt vermuten, dass sich die Fütterung spezieller Diäten positiv auf das klinische Bild und den Juckreiz eines Hundes mit atopischer Dermatitis auswirken kann. Die Verbesserungen lassen sich vermutlich auf die Wirkung der darin enthaltenen essenziellen Fettsäuren, individuelle idiosynkratrische Faktoren*, Interaktionen zwischen den einzelnen Inhaltsstoffen und die Qualität der Rohstoffe zurückführen." (* individuelle Unverträglichkeiten). Es seien zur Vertiefung weitere Studien notwendig.

Erklärt wird die Bedeutung der Ernährung mit der Schwellenwert-Theorie, in der man davon ausgeht, dass jedes Individuum bis zu einem gewissen Grad gegenüber Juckreizauslösern tolerant ist - bis die Summe aller Stimuli überschritten wird. Wenn sich also zu einer Allergiedisposition auslösende Faktoren häufen - Pollen, Hausstaubmilben, Pilzsporen etc. - und dann noch minderwertiges, das Immunsystem belastendes Futter hinzukommt, dann ist irgendwann die Toleranzschwelle überschritten, dann beginnt die Juckerei. Bildlich gesprochen kann nach vielen mangelhaften Futterrationen eine einzige Portion den Tropfen bringen, der das berühmte Fass zum Überlaufen bringt. In dem Zusammenhang fällt mir der oft gehörte Ausspruch vieler Hundehalter ein: „Das hat er bisher immer suuuper vertragen!"

Auf die Thematik Futterqualität kommen wir noch einmal zurück, wenn wir über die Ursachen und Vorbeugungsmöglichkeiten (ab Seite 128) sprechen.

Ausschluss- und Suchdiät

Wie im Teil „Diagnostik" angekündigt, wollen wir uns jetzt mit der Ausschlussdiät beschäftigen. Mit dieser sichern wir den Verdacht auf eine Futtermittelallergie ab. Sie ist aber auch unsere Haupt-Therapie bei eben dieser Allergie, zumindest was die Ernährung betrifft.
Wie funktioniert die Ausschlussdiät? Auslöser für alimentäre Allergien sind fast immer Proteine. Allerdings sind in Fertigfuttern unzählige Hilfs- und Zusatzstoffe enthalten, die ebenfalls eine Allergie auslösen können: Stabilisatoren, Antioxidantien, Geschmacksverstärker, Moisturizer, Farbstoffe, Medikamentenrückstände... Und selbstverständlich können die Futtermittel Bakterien, Pilzsporen oder Milben enthalten, und auch die können das Immunsystem verstören. Deswegen empfiehlt es sich, bei einer Ausschlussdiät auf Fertigfutter zu verzichten. Bei Hausmacherkost ist eine gute, frische Qualität wichtig.

Man nehme eine Fleischsorte, die der Vierbeiner noch nie gefressen hat. Damit schließen wir eine vorangegangene Sensibilisierung aus, denn die ist bekanntlich Voraussetzung für eine Allergie.

Listen unverdächtiger Futtermittel findest du im Anhang auf Seite 138.

Dem Fleisch füge man eine Kohlenhydratquelle (Gemüse oder Getreide) hinzu, die ebenfalls bisher nicht auf der Speiseliste stand. Kombinieren wir für unser Beispiel mal Strauß und Hirse. Der Strauß darf roh gefüttert werden, man kann ihn natürlich auch kochen - bei Hunden mit empfindlichem Verdauungstrakt ist das vorzuziehen. Eine Alternative zum Frisch- oder Frostfleisch sind Reinfleischprodukte, das können Dosen oder Fleischrollen sein, die nichts außer Straußenfleisch enthalten. Die Hirse muss auf jeden Fall weichgekocht sein, da Hunde Kohlenhydrate aus ungekochtem Getreide nicht aufschließen können. Der Anteil der gekochten Hirse an der Futterration sollte bei 20 bis maximal 40 Prozent liegen.

Das Gericht wird vervollständigt durch ein wenig hochwertiges Öl, zum Beispiel Lein- oder Borretschöl. Achtung - kein Öl in Kapseln geben, da diese Gelatine enthalten können und wir nicht wissen, ob auf dieses Produkt aus tierischer Herkunft eine Allergie besteht! Sollte der Kalzium-Gehalt des Fleisches zu gering sein (was bei reinem Muskelfleisch häufig der Fall ist), ergänzen wir das Rezept mit

ein wenig Kalziumpulver. Eierschale - sonst gerne als ergänzende Kalziumquelle gegeben - fällt flach, weil sie unter Umständen ein wenig Eiweiß mit sich bringt und wir nicht wissen, ob unser Bello auf dieses Protein reagiert.

> **Man füttere nach der Regel 100 Prozent. Nicht 90, auch nicht 99,9, nein - 100 Prozent.**

Das heißt, dass für die nächsten Wochen ausschließlich die oben genannten Komponenten im Hund landen. Es wird kein Leckerli nebenbei gegeben. Nichts fällt vom Tisch. Joghurtbecher landen in der Wertstofftonne, ohne dass Bello sie sauber geleckt hat. Wird mit Belohnungen gearbeitet, gibt es getrocknetes Straußenfleisch. Wir sind stur. Und zwar 100-prozentig. Denn winzigste Mengen eines Allergens können neue Symptome hervorrufen und uns in der Diät um Tage oder gar Wochen zurückwerfen.
Es ist sinnvoll, den Verlauf in einem Futtertagebuch zu dokumentieren. Ein Beispiel dafür findest du im Anhang auf Seite 143. Wir schreiben alles auf, was der Hund zu fressen bekommt und welche Nahrungsergänzungen und Medikamente er einnimmt. Das ergänzen wir mit Notizen zu seiner Symptomatik, zu Allgemeinbefinden, Verhalten und besonderen Vorkommnissen. Letzteres kann ein Ge-

witter sein, das Bello verstört, oder ein aufregender Ausflug, also alles, was ihn stressen könnte. Die Aufzeichnungen helfen, uns selbst zu kontrollieren, und sie werden besonders wichtig in der nächsten Phase, wenn wir in die Suchdiät starten.

Noch aber sind wir nicht so weit. Die 100 Prozent müssen wir mindestens sechs Wochen durchhalten. Hat unser Hund nur

Magen-Darm-Beschwerden, sollten sich diese schon innerhalb weniger Tage verringern. Überwiegen die Hautsymptome, dürfte eine deutliche Verbesserung spätestens nach drei bis vier Wochen zu beobachten sein. Wir werden jetzt aber nicht ungeduldig, sondern halten die vollen sechs Wochen durch. So wollen wir erreichen, dass das Immunsystem unseres haarigen Lieblings völlig zur Ruhe kommt und alle Haut- oder Darmschäden vollständig abheilen können.

Provokationstest

Bessert sich die Symptomatik unter der Futterumstellung deutlich, ist das ein schlüssiger Hinweis auf Lebensmittel als Allergieauslöser. Wollen wir den Verdacht noch einmal bestätigen, geben wir unserem Hund das identifizierte Nahrungsmittel noch einmal zu fressen. Flammt daraufhin innerhalb weniger Stunden bis drei Tage die Symptomatik wieder auf, ist das der ultimative Beweis.

Im Idealfall ist Bello nach einiger Zeit symptomfrei. Und nicht nur das. Immer wieder schwärmen meine Patientenbesitzer über die Wirkung einer stur durchgezogenen Ausschlussdiät. So das Frauchen von Pitbull-Mix Filou: „Endlich ist er wieder der Alte - verspielt und entspannt, gut gelaunt und ausgeglichen." Und über Rauhaardackel Rieke hörte ich nach vier Wochen Känguru mit Kartoffel: „Sie schläft wieder durch und ihr Fell ist jetzt schon wie neu...". Die Besitzer beider Hunde hatten genervt mit den Augen gerollt, als ich ihnen die Prozedur erklärte. Mir ist bewusst, dass viele Hundebesitzer zunächst gestresst sind. Viele sind es gewohnt, Fertigfutter aus dem Supermarkt zu geben. Dose auf und rein in den Napf.

AdobeStock: Carlo

Oder eine Tasse Trockenfutter abmessen und der Hund ist erledigt - wenigstens seine Fütterung. Zusätzlich haben sie häufig schon eine lange Allergiegeschichte mit ihrem Hund durchgemacht, unzählige Tierarzttermine wahrgenommen, hohe Kosten ertragen. Und dann verlange ich auch noch von ihnen, das Futter selbst zuzubereiten.

Sie sollen sich intensiv mit der Fütterung auseinandersetzen. Sie müssen neue Einkaufsquellen finden, und vor allem: Die ganze Familie muss hunde(rt)prozentig dabei sein! Denn wenn der Allergiker nur einmal ein Protein bekommt, auf das er allergisch reagiert, zeigt er sofort wieder seine Symptomatik, und wir können quasi von vorne anfangen.
Wenn wir aber durchhalten, können wir nach den sechs Wochen einem augenscheinlich gesunden Hund eine neue Futterkomponente zugestehen. Ein großer Fortschritt!

Wir starten die Suchdiät, um weitere Nahrungsmittel zu finden, die Bellos Immunsystem toleriert.
Aber wir bleiben weiterhin stur. Bello bekommt nur eine einzige neue Fleischsorte zusätzlich. Nehmen wir mal Rentier, das ist bisher nur selten in Fertigfuttern enthalten, womit anzunehmen ist, dass es bei Bello noch nicht zu einer Sensibilisierung kam. Wir geben anfangs einen kleinen Teil Rentier zum Straußengericht und erhöhen den Anteil nach und nach. Wenn alles gut geht, passiert nichts. Dann können wir nach drei Wochen dieser Mischung eine weitere Komponente hinzufügen. Und wieder gönnen wir uns drei Wochen Zeit, die Reaktion darauf zu beobachten.
Natürlich führen wir akribisch unser Tagebuch und erarbeiten uns so nach und nach eine Positiv-Liste mit den Lebensmitteln, die unser haariges Familienmitglied verträgt. Das Leben wird einfacher...
Na ja. Die Futtermittelallergie ist nicht geheilt. In den meisten Fällen muss lebenslang kontrolliert werden, was der Allergiker schluckt.
Dabei sind Unfälle nicht immer zu verhindern. Beim Spaziergang einen Rest Wurstbrötchen gefunden und sofort vernichtet... Auf dem Trainingsplatz das

heruntergefallene Leckerli eines anderen Hundes inhaliert... Einem Kleinkind den Butterkeks aus der Hand geklaut... So etwas kann jederzeit wieder die bekannten Beschwerden auslösen. Aber wir werden nicht mehr panisch, denn wir wissen jetzt, dass es Bello mit der richtigen Fütterung schnell wieder gut geht. Auch wenn während der Suchdiät aufgrund einer neu hinzugefügten Komponente Symptome aufblühen - wir schalten einen Gang zurück, eliminieren das Lebensmittel aus dem Ernährungsplan und warten entspannt ab, bis unser Hund sich wieder beschwerdefrei zeigt, bevor wir den nächsten Versuch mit dem nächsten Futterstoff starten.
Da auf Dauer die einseitige Fütterung zu wenig Vitamine, Mineralien und Spurenelemente enthalten könnte, integrieren wir nach und nach entsprechende Zusätze in den Futterplan. Auch diese testen wir geduldig aus.

Keine Sorge – die ersten acht bis zwölf Wochen ohne Supplemente bringen unseren Hund noch nicht in eine Mangelversorgung. Um langfristig die Fütterung zu optimieren, rate ich zur Anleitung durch einen Ernährungsberater.

Die meisten Tierärzte sprechen sich von vornherein für die Ausschlussdiät aus, ohne vorherigen Bluttest. Dabei raten sie aber eher nicht zur Rohfütterung oder zu selbst zubereitetem Futter. Sie empfehlen lieber ein hypoallergenes Fertigfutter.

Hypo ist das Gegenteil von hyper, bedeutet also „unter" oder „darunter". Die Bezeichnung hypoallergen kennzeichnet somit Futter mit weniger potenziell problematischen Inhaltsstoffen.

Inzwischen findet man in den Regalen der Futterhäuser diverse Angebote mit dem Prädikat „hypoallergen". Sei vorsichtig mit diesen Produkten. Sie sind vielleicht von guter Qualität, für eine aufschlussreiche Ausschlussdiät dennoch nicht unbedingt geeignet. Der Grund: Meist enthalten sie zwar nur Monoproteine, also das Fleisch eines Tieres, zum Beispiel Lamm oder Huhn. Daneben steht aber eine lange Liste von weiteren Zutaten: Gemüse, Getreide, Kräuter, Zusätze. Doch auch Proteine aus pflanzlichen Quellen stehen als mögliche Allergene unter Verdacht. Ich kenne zum Beispiel mehrere vierbeinige Erbsenallergiker. Auch andere Futterzusätze können das Immunsystem in Aufruhr bringen. Besser sind daher **anallergene Produkte,** in denen sämtliche enthaltenen Eiweiße hydrolysiert sind. Das bedeutet, die Proteine sind so aufbereitet, dass der Körper sie nicht mehr als mögliche Allergene identifiziert, wohl aber als Bausteine, die den Körper ernähren. Es gibt sowohl hydrolysierte Nass- als auch Trockenfutter. Für manche Hundehalter ist dies die einfachste Lösung, müssen sie sich doch nicht ihren Kopf zerbrechen um die Ernährung ihres Lieblings. Sack auf, Pellets in den Hund, Sack wieder zu. Ich persönlich bin kein Fan von dieser Art der Fütterung. Die Erfahrung zeigt aber: In manchen Fällen, etwa wenn eine undichte Darmbarriere („Leaky Gut") Allergien gegen jedes neue Protein auslöst, oder wenn der Patient auf so ziemlich jedes Eiweiß reagiert, dann ist ein anallergenes Futter die letzte Rettung. Dummerweise verträgt selbst dieses nicht jeder Allergiker. Es kann sich lohnen, verschiedene Sorten zu probieren

Die Industrie hat sich voller Elan auf die steigende Zahl der alimentären Allergiker eingestellt, nicht nur mit hydrolysiertem Futter. Es gibt ein wachsendes Angebot an Dosen- und Trockennahrung mit Monoproteinen. So ein Futter enthält dann garantiert das Fleisch nur einer Tiersorte. Ich erinnere: Steht „Fleisch und tierische Nebenerzeugnisse" ohne genaue Deklaration auf der Packung, kann jede Tierart verarbeitet sein. Für einen Proteinallergiker ist das ein No-Go.
Futter mit Monoproteinen bieten eine gute Lösung für Hundehalter, die aus welchen Gründen auch immer eine Ausschlussdiät mit frischen Lebensmitteln nicht durchführen können. Allerdings darf man sich nicht hundertprozentig darauf

verlassen, dass das Futter wirklich keine Reaktion auslöst. Manche Futterallergiker vertragen frisch zubereitete Nahrung besser als jedes Fertigfutter, das hypoallergene und das anallergene eingeschlossen. Das mag daran liegen, dass selbst bei diesen Spezialprodukten Qualitätsmängel nicht auszuschließen sind. Auf den Zug der Spezialnahrung - es lockten hohe Gewinne, die Geldbörse der besorgten bis genervten „Hundeeltern" sitzt bekanntlich locker - sind viele Hersteller aufgesprungen, und nicht alle arbeiten sauber. In einem Interview aus dem Jahr 2013 berichtet die Tierärztin Dr. med. vet. Ursula Mayer: „Bei einer Studie, die ca. 10 im Zoohandel verkaufte hydrolysierte Diäten untersucht hat, wurde z.B. festgestellt, dass 8 von 10 Futtermitteln nicht deklarierte Bestandteile enthielten. Eine solche Diät bringt dann natürlich keine so guten Ergebnisse." (Quelle: mein-allergie-portal.com) Man sollte also, wenn man sich für Fertigfutter entscheidet, nicht am falschen Ende sparen.
Mein Bodo mit seiner Positiv-Liste schluckte lange Monoprotein-Produkte, soweit nicht selbst zusammengestellte Rationen seinen Napf füllten. Wollte ich eine neue Marke probieren und hatte Zweifel an den Inhaltsstoffen, kontaktierte ich den Hersteller. Mit der Info, dass mein Hund Allergiker ist, fragte ich gezielt an, ob Bodo diese oder jene Futtersorte haben durfte. Ich habe immer schnell und freundlich Antwort bekommen - und sehr ehrlich.
Solange der Futterallergiker nur in den Napf bekommt, was keine allergischen Reaktionen auslöst, sollte er symptomfrei bleiben. Für Hunde mit Unverträglichkeiten gelten diese Ratschläge ebenso. Mit der Suchdiät kann und sollten wir natürlich fortfahren, um unsere individuelle Positiv-Liste zu erweitern. Eine abwechslungsreiche Ernährung ist so wichtig für die alimentäre Versorgung wie für die Immuntoleranz.
Leider gibt es Hunde, die dauerhaft nur eine stark eingeschränkte Auswahl an Lebensmitteln vertragen. In seltenen Fällen bleibt sogar nur noch die Option einer veganen Diät.

Dazu Informationen auf Seite 140.

Ist die Ernährung aufgrund multipler Allergien relativ einseitig, empfehle ich ein- bis zweimal im Jahr eine Überprüfung der Versorgung mit den wichtigsten Mineralien. Viele Tierärzte raten zur Blutuntersuchung, diese aber zeigt im Prinzip nur eine Momentaufnahme. Tiefer geht eine spezielle Fellmineral-Analyse, die gleichzeitig etwaige Toxinbelastungen anzeigt.

Haarmineralanalyse
Hier werden keine energetischen Schwingungen bestimmt, sondern durch eine chemische Analyse festgestellt, ob der Hund ausreichend mit Nährstoffen versorgt ist und ob er unter Belastungen von Schwermetallen und anderen Toxinen leidet. Dazu schickst du einen Esslöffel voller Haare an ein spezialisiertes Labor (z.B. enterosan oder vetscreen). Im Gegensatz zur Blutuntersuchung, die bei einem Ernährungs- oder Barf-Check nur eine Momentaufnahme liefert, soll die Untersuchung der Haare den Status für einen Zeitraum von bis zu drei Monaten abdecken.

AdobeStock: gartmanart

Die Diät bei Diarrhoe

Viele Hunde reagieren auf Nahrungsmittel mit Diarrhoe. Das kann allergisch bedingt sein, durch das Futter selbst oder durch eine Unverträglichkeit. Bei der symptomatischen Therapie des Durchfalls ist diese Unterscheidung zunächst nicht wichtig.

Viel relevanter ist, wie es im Darm aussieht, wenn der Kot flüssig statt fest ans Tageslicht tritt. Durchfall ist eine gesunde Abwehrreaktion des Körpers, um etwas loszuwerden, das ihm verdächtig ist. Dafür entwickelt sich eine beschleunigte Peristaltik, die den Nahrungsbrei möglichst schnell durch die Darmpassage schleust. Ziel ist, den Kontakt des Übeltäters zur Darmschleimhaut möglichst kurz zu halten. Letztere dürfte zu diesem Zeitpunkt schon gestresst sein, die Darmflora angegriffen.

> Was ist zu tun bei Durchfall? Die beste Maßnahme ist Fasten. Der Hund bekommt keine feste Nahrung, und zwar mindestens 24 Stunden.

AdobeStock: fotorince, Dragomira

Trinken darf und soll er reichlich. Es kann hilfreich sein, das Wasser abzukochen (serviert wird es natürlich abgekühlt). Bei Akzeptanz können wir ein wenig dünnen schwarzen Tee ins Trinkwasser mischen, dessen Gerbstoffe entzündungshemmend wirken.
Halte den Hund stressfrei und warm. Geeignete unterstützende Mittel sind Aktivkohle oder Heilerde, die Schadstoffe im Darm binden und ausschleusen, oder das passende homöopathische Mittel. Man sollte die Diarrhoe nicht vorschnell durch krampflösende Medikamente (Spasmolytika) unterdrücken, diese verringern die Peristaltik und damit die Darmpassage. Der Körper hat aber einen Grund für den Schnelldurchlauf, denn was raus muss, muss raus.
Normalerweise beruhigt sich der Darm innerhalb weniger Stunden, dem Hund geht es augenscheinlich wieder gut. Nun machen viele Halter den Fehler, ihm gleich wieder das normale Futter anzubieten - möglichst eine doppelte Portion, er hat ja nachzuholen. Das ist falsch. Dass die Darmmotorik in den Normalzustand zurückkehrt, heißt leider nicht, dass sich die Darmflora regeneriert hat. Und solange dort noch etwas im Ungleichgewicht ist, kann falsche Nahrung sofort wieder Abwehrreaktionen - also Durchfall - auslösen oder sogar den Grundstein für neue Unverträglichkeiten und Allergien legen. Die Darmschleimhautbarriere ist derzeit alles andere als intakt.
Das Zauberwort heißt Schonkost. Ideal ist die Moro´sche Möhrensuppe,

Siehe Kasten auf Seite 80.

und erst bei Normalisierung der Ausscheidungen kehrt man nach und nach wieder zum normalen Futter zurück. Die Schonkost darf durchaus über mehrere Tage gefüttert werden. Man mischt sie dann langsam mit größer werdenden Anteilen des normalen Futters. Der „Output" wird in dieser

Zeit gut beobachtet - im Zweifelsfall lieber noch einen Moro´schen Tag mehr einlegen.
Von einer medikamentösen Antibiose ist möglichst abzusehen. Sie würde die Schäden in der Darmflora eher noch verstärken, ohne die Ursache anzugehen. Nur bei bakteriellen Infektionen machen Antibiotika Sinn.
Unerlässlich ist der Gang zum Tierarzt bei schwerer Diarrhoe, also wenn die Ausscheidungen sehr häufig, in großer Menge und in wässriger Konsistenz auftreten. Hier besteht die Gefahr der Austrocknung. Ob der Körper noch genügend Flüssigkeit hat, kannst du mit dem Hautfaltentest bestimmen. Zieh am Rücken deines Hundes mit zwei Fingern die Haut nach oben - wenn sie sich nicht sofort zurücklegt, sondern vorübergehend als Hautfalte stehen bleibt, braucht der Hund unbedingt Flüssigkeitszufuhr und muss in tierärztliche Behandlung.

> Welpen sind übrigens besonders von der Austrocknung bedroht - hier sollte man bei Durchfällen nicht lange warten. Lieber einmal zu früh zum Veterinär!

Rezept Moro'sche Möhrensuppe
(nach Prof. Ernst Moro)
500 Gramm Möhren in 1 Liter Wasser 90 Minuten kochen lassen und pürieren. Die Menge mit Wasser wieder auf einen Liter auffüllen, einen kleinen Teelöffel Salz dazu geben.

Um den Geschmack für den Hund attraktiver zu machen, kann mageres Hühnerfleisch mitgekocht werden, sollte aber anfangs nicht verfüttert werden. Die Suppe wird in kleinen Portionen mehrmals täglich angeboten.
Sobald der Kot wieder einigermaßen fest ist, kann man die Möhrensuppe nach und nach mit Reis oder Kartoffeln (beides sehr weichgekocht), Biojoghurt und später mit klein geschnittenem, gut gekochtem Hühnerfleisch ergänzen. Wird das gut vertragen, kehrt man langsam zurück zur Normalfütterung.

Warum wirkt die Moro'sche Suppe: Beim längeren Kochen von Möhren werden Oligogalakturonsäuren freigesetzt. Diese Kohlenhydrate können im Darm schon in geringer Konzentration krankheitserregende Bakterien blockieren und so ein Antibiotikum ersetzen. Oligogalakturonsäuren sind durch ihren Lebensmittelcharakter chemisch-synthetischen Verbindungen überlegen.

AdobeStock:natagolubnycha, alex9500

7. Nahrungsergänzung

Kräuter, Pülverchen und Mineralien - man kann viel tun, um das Tier optimal mit Nährstoffen zu versorgen. Beim Allergiker gilt es allerdings aufzupassen, denn jedes Nahrungsergänzungsmittel (NEM) kann eine Überempfindlichkeits-Reaktion auslösen.

Bei einer gesunden, ausgewogenen Ernährung besteht - logischerweise - kein Grund, zusätzlich irgendwelche Pillen oder Pulver einzuwerfen. So spricht der pragmatische Mediziner wie auch ein seriöser Ernährungsberater. Die Industrie suggeriert gerne etwas anderes. NEM-Hersteller wollen schließlich auch leben. Mach dir unbedingt bewusst, dass Versprechungen aus der Werbung nicht dazu da sind, dir und deinem Hund zu helfen, sondern den Umsatz zu sichern. Was also ist sinnvoll?

Essenzielle Fettsäuren

Öle spielen eine große Rolle für die Hauternährung. Entscheidend sind die mehrfach ungesättigten Fettsäuren, die der Hundekörper nicht selbst herstellen kann, die deswegen mit dem Futter geliefert werden müssen.

Vor allem bei Atopikern ist ein Zusatz von hochwertigen Ölen mehr als ratsam.

Sie liefern notwendige Bausteine für den Hautstoffwechsel und können die Schutz- und Barrierefunktion der Haut verbessern, so dass Allergene nicht so leicht perkutan aufgenommen werden können. Wichtig sind die Omega Fettsäuren 3 und 6. Während Omega-6 entzündungsfördernd wirkt, eine für die Immunabwehr nicht zu vernachlässigende Aufgabe, sind Omega-3-Fettsäuren entzündungshemmend. Tierisches Nahrungsfett enthält ausreichend Omega-6, doch der Omega-3-Anteil ist in der täglichen Nahrung häufig zu gering. Besonders bei Allergien und Hauterkrankungen steigt der Bedarf. Wichtig: Nur kaltgepresste, naturbelassene (native) Öle enthalten Fettsäuren in ausreichender Menge. Raffinierte Öle sind stark verarbeitet und erhitzt, daher arm an ungesättigten Fettsäuren.

Welche Öle sind empfehlenswert?

- **Leinöl:** Den höchsten Anteil an Omega-3-Fettsäuren und dazu viele Omega-6-Fettsäuren hat Leinöl. Leider liegen die Fettsäuren in pflanzlichen Ölen in einer Form vor, die für den Hund schwer umzuwandeln ist. Deswegen rate ich eher zu kaltgepresstem
- **Lachs- oder Fischöl.** Das ist ebenfalls reich an Omega-3-Fettsäuren, aber in einer Form, die vom Hund direkt genutzt werden kann. Verträgt er kein Fischöl, kannst du es mit Krillöl versuchen. Dieses hat ebenfalls eine hohe biologische Verwertbarkeit.
- **Lebertran** enthält nicht nur die wertvollen Fettsäuren, sondern zusätzlich viel Vitamin A und D. Achte auf gute Qualität!
- **Schwarzkümmelöl** (Nigella Sativa) wird auf vielen Internetseiten beinahe als Wundermittel gegen Allergien angepriesen. Allerdings liefern andere Quellen die Warnung, Schwarzkümmelöl könnte lebertoxisch sein... Aber so genau weiß es niemand, auf Studien folgen Gegenstudien. Bei Hunden ohne Leberprobleme lohnt sich ein Versuch, zwei- bis dreimal wöchentlich wenige Tropfen ins Futter zu geben - die Menge macht das Gift. Weitere günstige Eigenschaften von Nigella Sativa:

Es ist entzündungshemmend, leicht wurmwidrig und soll sogar Zecken fernhalten. Der Gehalt an Omega-3-Fettsäuren ist allerdings nicht besonders hoch.

- **Nachtkerzenöl** wird ebenfalls hoch gelobt mit seinem guten Effekt auf Haut und Haar. Allerdings überwiegen hier die Omega-6-Fettsäuren. Dazu kommt eine hormonähnliche Wirkung aufgrund des Gehaltes an Phytoöstrogenen. Diese können bei hormonell bedingten Gesundheitsproblemen sinnvoll und hilfreich sein. Einem Allergiker helfen sie nicht.
- Im **Borretschöl** überwiegen zwar die Omega-6-Fettsäuren, hier aber die Gamma-Linolensäuren. Da diese den Haut- und Fellstoffwechsel wunderbar unterstützen und hier entzündungshemmend wirken, ist dieses Öl in kleiner Dosierung durchaus empfehlenswert.
- **Kokosöl** hat vielseitige positive Wirkungen, als Omega-Fettsäuren-Lieferant taugt es nicht.

Hunde vertragen Öle normalerweise gut. Bei darmsensiblen Tieren müssen wir die Gabe mit einer winzigen Menge einschleichen und diese nach und nach bis zur endgültigen Dosierung (in der Regel ein Gramm pro Kilo Körpergewicht) erhöhen. Frische und Qualität sind besonders bedeutsam, denn Öle mit einem hohen Gehalt an ungesättigten Fettsäuren werden schnell ranzig.

> **Wir müssen sie daher immer kühl und dunkel lagern und angebrochene Flaschen innerhalb von vier bis maximal zehn Wochen verbrauchen.**

Enthält die Deklaration des Produkts den Hinweis, dass Vitamin E zugesetzt wurde, hat das einen einfachen Grund: Vitamin E verhindert als natürliches Konservierungsmittel die Oxidation.
Zum Abschluss noch eine Warnung für die Futtermittelallergiker: In seltenen Fällen wird eine Überempfindlichkeit oder Unverträglichkeit auf Öle und Fette festgestellt. Du solltest daher im Rahmen der Ausschluss- und Suchdiät auch die futterergänzenden Öle als einzelne Komponente sehen und auf Reaktionen achten.

Vitalpilze

Hier haben wir es mal wieder mit einem recht neuen Trend zu tun: der Mykotherapie. Die Heilkraft der Pilze wurde schon vor Christi' Zeiten in China entdeckt. Nachdem 1974 in Japan ein internationaler Kongress zur Thematik viel Interesse auch in westlichen Ländern entfachte, spezialisierten sich immer mehr hiesige Heilkundige auf den Einsatz der fernöstlichen Pilzrezepturen.
Therapeutische Verwendung finden die Pulver oder Extrakte von etwas mehr als einem Dutzend Pilze. Darunter so alltäglich bekannte wie der Champignon oder so exotische wie Auricularia polytricha, das Judasohr.
Alle Vitalpilze haben einen präbiotischen Einfluss auf das Darm-Mikrobiom. Bei Allergien sollen vor allem der Reishi und der Agaricus blazei Murrill (ABM) einen günstigen Effekt aufs Immunsystem ausüben. Direkten Einfluss auf die Darmschleimhaut und den dort angesiedelten Teil der Immunabwehr sagt man dem Hericium nach. Eine Wirkung setzt frühestens nach einigen Wochen ein.
Man soll Vitalpilze sehr langsam und vorsichtig einschleichen, vor allem bei Allergikern mit Darmsymptomatik.

Achte beim Kauf auf die Herkunft:
Übers Internet werden haufenweise minderwertige Pulver für teures Geld vertrieben. Pilze haben die Eigenschaft, Schwermetalle wie Kadmium, Blei oder Quecksilber anzureichern. Ich rate daher immer zu Vitalpilzen aus ökologischem Anbau. Im Zweifel solltest du auf den Rat eines versierten Mykotherapeuten vertrauen.

Sonstige NEM

Gibt man in die Suchmaschine so etwas wie „Nahrungsergänzung Hund Allergie" ein, wird man quasi erschlagen von den vielen Angeboten von Zusatzstoffen für die Ernährung. Es gibt jede Menge Kombipräparate aus Vitaminen, Mineralien und Kräutern, die „garantiert" die Lebensqualität deines Hundes um Welten verbessern.
Ich will nicht in Abrede stellen, dass das eine oder andere Produkt tatsächlich bei manchem Patienten eine positive Wirkung auf Haut und Fell oder Magen und Darm hat. Dennoch rate ich zur Vorsicht. Einige Rezepturen sind wenig durchdacht und enthalten Inhaltsstoffe in völlig unsinniger Dosierung und Zusammenstellung. Außerdem reden wir hier immer noch über Allergiker. Bei denen weiß man nie, auf was sie als nächstes reagieren. Daher arbeite ich lieber mit einzelnen Komponenten, die ich, je nach vorliegender Symptomatik und Problematik, ganz gezielt einsetzen kann.
Nur so kann ich mit der Zeit feststellen, was wirklich hilft - oder sogar schadet.

Hier sind einige ausgewählte Nährstoffe, die dem Allergiker helfen *können*:

- **Aloe Vera Saft** ist gut fürs Immunsystem und für den Verdauungsapparat. Äußerlich unterstützt es die Wundheilung.
- **Bierhefe** mit ihrem Cocktail aus B-Vitaminen, Mineralien und Aminosäuren ist bekannt dafür, die Hauternährung zu unterstützen, auch beim Hund. Allerdings hat sie ein gewisses allergisches Potential, weswegen wir damit vorsichtig sein sollten.
- **MSM** (Methyl sulfonyl methan), eine körpereigene Schwefelverbindung, wirkt entgiftend, schmerzlindernd und entzündungshemmend und kann die Symptome einer Allergie mindern. Dabei sollte man aber auf den Säure-Basenhaushalt achten, weil MSM sauer machen kann.
- **Zink** hat eine entzündungshemmende Wirkung auf die Haut wie auch die Magen- und Darmschleimhaut.
- Das Multitalent **Spirulina** ist nährstoffreich, hat eine entgiftende Funktion und stärkt die Darmflora. In Studien hat die Alge eine direkte Wirkung auf allergische Vorgänge, denn sie kann die Histaminproduktion senken und ist reich an Antioxidantien. Diese können entzün-

dungsauslösende freie Radikale neutralisieren und unterstützen die Regeneration von geschädigtem Gewebe.

Andere Mineralien und Spurenelemente (Selen, Mangan, Kupfer...) wirken sich nicht explizit auf das Hautbild aus. Dennoch sollte auch die Versorgung damit angemessen sein. Im Idealfall enthält die tägliche Nahrung alles Notwendige.

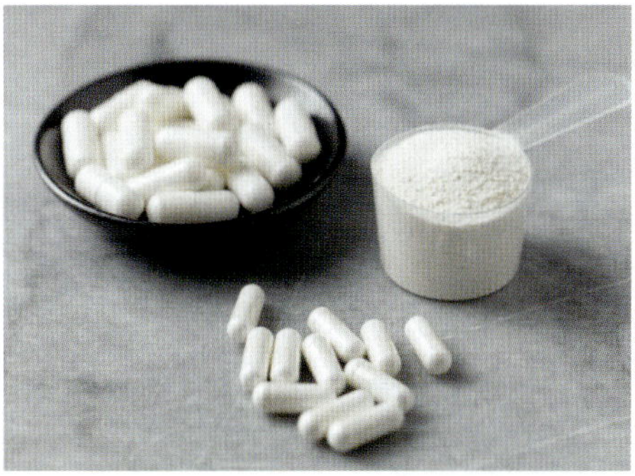

Eine Fellmineralanalyse (Seite 77) gibt Aufschluss über den Status.

8. Topische Maßnahmen

Lange Zeit dachte man, dass beim Atopiker die Allergene ihren Weg in den Körper vor allem über den Atemtrakt bzw. die oralen und nasalen Schleimhäute finden. Inzwischen gibt es sichere Erkenntnisse, dass vielmehr die Haut die Eintrittspforte für die auslösenden Pollen, Sporen und Milben ist. Umso wichtiger ist infolgedessen die Hautpflege. Die Schutz- und Barrierefunktion des äußeren Organs kann man durch unterschiedliche Maßnahmen unterstützen. Im Mittelpunkt steht dabei die Hautversorgung von innen - also gesunde Ernährung und bei Bedarf die Ergänzung von Nährstoffen, vor allem mit essenziellen Fettsäuren. Was du zusätzlich von außen tun kannst, nennt man topische Maßnahmen.

Baden

Um potenzielle Allergene aus dem Fell zu entfernen, bevor sie in die Haut eindringen, *kann* regelmäßiges Waschen angezeigt sein. Mancher Atopiker zeigt eine deutlich mildere Symptomatik, wenn er nach jedem Spaziergang kurz abgeduscht wird. Kurzhaarige Hunde befreien wir mit einem feuchten Waschlappen von Pollenanhaftungen. Ist die Haut gereizt oder beschädigt, ist ein- bis zweimal wöchentlich ein Bad anzuraten, mit dem man auch eventuell vorhandene Entzündungsprodukte von der Haut beseitigt. Die Spezialshampoos müssen dabei gerne zehn Minuten einweichen. Es gibt unterschiedliche zur Unterstützung von Hautfunktion und -regeneration. Von tierärztlicher Seite wird meist Allermyl oder Allercalm (beides Virbac) empfohlen, bewährte Shampoos mit hautberuhigender Wirkung. Vom homöopathischen Pharmahersteller Heel gibt es das Ichtho Vet Derma Shampoo für Kleintiere mit Schieferöl, das den Juckreiz lindert. Eine Alternative ist ein Shampoo auf Hafermehl-Basis. Im Humanbereich gilt das für atopische Patienten als sichere und wirksame Alternative zu herkömmlichen Shampoos: juckreizmindernd, entzündungshemmend und feuchtigkeitsspendend. Bei bakterieller Hautbesiedelung dagegen ist ein Chlorhexidin- oder Benzoylperoxidshampoo die beste Wahl. Ist die Haut trocken und juckt, lindern Produkte mit Urea.

Zum Selbermachen: Hafermehlshampoo für den Hund

1 Tasse Hafermehl (dafür Haferflocken sehr fein pürieren)
½ Tasse Natronpulver
2 – 3 Tassen Wasser

Einfach mischen und den Hund damit einshampoonieren. Bei Hunden mit langem oder dichtem Fell darauf achten, dass die Flüssigkeit bis auf die Haut kommt. Einige Minuten einweichen lassen und gut ausspülen. Das Shampoo beruhigt die Haut und spendet Feuchtigkeit.

Lokale Behandlungen

Für juckende Hautbereiche wie auch für Hotspots sind Lotionen im Angebot. Besser eignet sich eine verdünnte Calendula-Tinktur, die eine bakterizide und beruhigende Wirkung hat. Die wässrige Lösung lässt sich im Fell deutlich besser anwenden als schmierige Lotionen. Das gereizte Hautareal einfach mehrmals täglich mit einem getränkten Wattebausch abtupfen. Vorsicht bei Hot Spots: Diese können äußerst schmerzhaft sein! Wichtig ist, mit einer Schere drumherum die Haare zu kürzen, damit sie nicht mit den Entzündungsexsudaten verkleben. Unbedingt Einmal-Handschuhe anziehen, sonst geraten möglicherweise zusätzlich belastende Keime von deinen Händen auf die Wunde. Und: Hot Spots nie

mit Salben zukleistern – es muss Luft dran!
Für Hautläsionen an wenig behaarten Körperstellen eignen sich Honig-, Calendula- oder Propolissalbe (letztere ist bei Pollenallergie ungeeignet). Lindernd und heilend wirken auch Aloe Vera Spray sowie Salben oder Verdünnungen mit Cardiospermum. Letzteres hat entzündungshemmende und juckreizlindernde Eigenschaften und wird sogar als pflanzlicher Ersatz für Kortisonsalben verwendet.

Eine viel gepriesene Alternative für antibiotische Hautbehandlungen ist kolloidales Silber. Eine milde antibakterielle Wirkung hat auch Salbei- oder Kamillentee.

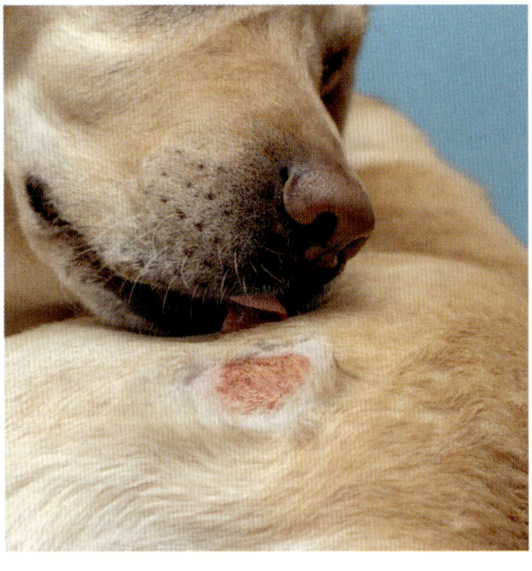

AdobeStock: Юлия Усикова, kamontad123, ThamKC

Pfoten
Konzentriert sich der Juckreiz nur auf die Pfoten, hilft ein Fußbad mit kolloidalem Silber oder Chlorhexidin-Heilpulver. Zeigen sich zwischen den Zehen nässende Ekzeme, empfiehlt sich ein regelmäßiges Fußbad mit Gerbstoffen (z.B. Tannosynt).

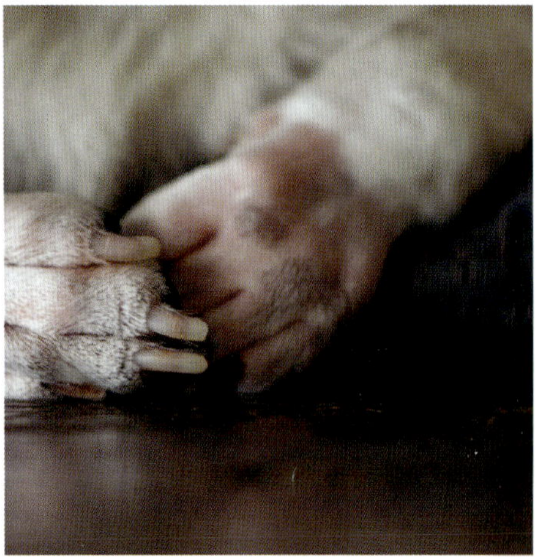

Pilzbehandlung
Für Hautpilze wie Malassezien gibt es natürlich ebenfalls spezielle Medikamente vom Tierarzt. Systemisch wirkende Mittel verursachen häufig Nebenwirkungen wie Magen-Darm-Beschwerden, und der Wirkstoff Ketoconazol ist sogar lebertoxisch - also bitte Vorsicht damit. Alternativ eignet sich der lokale Einsatz einer Apfelessig-Verdünnung (1:10). Damit können wir die betroffenen Körperstellen waschen oder abtupfen, auch der äußere Gehörgang lässt sich damit reinigen. Pilze verdünnisieren sich bei saurem Milieu! Gegen den Pilz Microsporum Canis ist Lebermoosextrakt ein wirksames Mittel. Für den Hausputz geben wir Leber-

moosextrakt ins Putzwasser, um die hartnäckigen Sporen zu entfernen. Microsporum Canis ist übrigens eine Zoonose, kann auch den Menschen befallen.

Spot-ons
Recht neu auf dem Markt ist ein Spot-on aus verschiedenen essenziellen Ölen, ätherischen Ölen und Vitamin E. Das Dermoscent Essential 6 soll die Haut mit Feuchtigkeit versorgen und zu ihrer Ernährung beitragen und so die Barrierefunktion verbessern. Damit kann man die orale Gabe von essenziellen Fettsäuren nicht ersetzen, aber sinnvoll ergänzen. Bei ätherischen Ölen muss aber bei Allergiker-Haltern die Warnleuchte angehen, denn auf Teebaumöl und andere gibt es nicht selten Reaktionen. Also ganz vorsichtig einsetzen! Das schulmedizinische Pendant wäre das Spot-on von Virbac namens Allerderm.
Du siehst, für Körper und Pfoten gibt es viele Methoden zur äußerlichen Symptomlinderung (und ich habe bei wei-

tem nicht alle Produkte aufgezählt). Nicht jedes Mittel ist für jeden Hund geeignet, zu individuell sind die Probleme durch die Allergie. Bei jedem Zweifel solltest du dich mit dem Therapeuten deines Vertrauens besprechen. Zum Abschluss noch ein altes Hausmittel, das eigentlich Kultcharakter hat: Kaiser Natron (Natriumhydrogencarbonat). Richtig eingesetzt kann dieses Pulver gegen jede Menge Beschwerden helfen: bei Durchfällen, Gelenkentzündungen, Zahnfleischproblemen, Pankreatitis und bei verschiedenen Haut-, Ohr- und Pfotenproblemen, ob durch Bakterien, Pilze oder Allergien verursacht. Zum Baden schwören manche Allergiker-Besitzer auf eine selbst angesetzte Lauge mit dem basisch wirkenden Allheilmittel aus der Drogerie.

Augen
Viele Allergiker leiden unter einer Bindehautentzündung. Die Konjunktivitis ist wieder so ein klassisches Beispiel, wo gerne vorschnell zu Tropfen oder Salben mit Antibiotika oder Kortison gegriffen wird. In meiner Praxis hat sich der Einsatz von homöopathischen Augentropfen bewährt, nur selten musste ich stärkere Mittel empfehlen.
Auch sanfte entzündungshemmende Tees lindern hervorragend, wenn wir für wenige Minuten lauwarme, getränkte Kompresse aufs Auge legen. Geeignet ist Tee aus Fenchelsamen, Kamillenblüten, Himbeerblättern oder – nomen est omen – Augentrost (Euphrasia). Wenn wir in dem noch heißen Tee eine Prise Salz auflösen, wird die Anwendung angenehmer. Damit keine Schwebstoffe ins Auge kommen, muss der Tee vor der Anwendung zweimal durch einen doppelten Kaffeefilter laufen.

Ohren
Vorweg mal klargestellt: Ein Q-Tip hat im Hundeohr nichts verloren. Zu groß ist die Gefahr, dass du deinem Hund weh tust, womöglich sogar das Trommelfell verletzt. Zum Reinigen taugt es eh nichts, eher schiebst du den Schmalz nach unten und verdichtest ihn. Wie reinigt man ein Hundeohr?

> Es geht nicht um die Säuberung der Ohrmuschel, die ganz gut sichtbar und mit einem feuchten Tuch einfach auszuwischen ist.

Schmutz und Milben sitzen im äußeren Gehörgang, wo auch die Entzündungen persistieren. Hier kommt man nur mit flüssigen Reinigern hin, wie sie beim

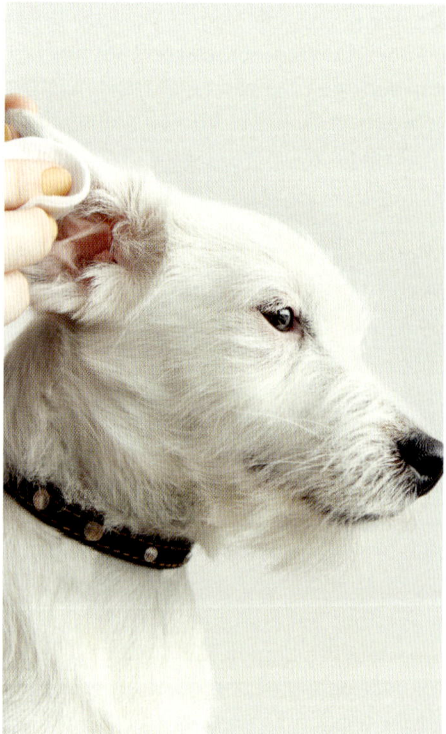

Tierarzt oder in Apotheken erhältlich sind. Aber wie fast überall gibt es Alternativen. Verdünnte Calendula-Tinktur ist auch für das Ohr eine gute Idee, denn die Ringelblume wirkt entzündungshemmend, kann Bakterien und Pilze vernichten und hat kaum allergisches Potential. Ebenso wirksam ist eine verdünnte Propolis-Tinktur.
Bei Malassezia-Befall rate ich zu einem Reiniger auf Essigbasis, alternativ stark verdünntem Apfelessig.
Man nimmt von der Reinigungsflüssigkeit je nach Hundegröße einen bis drei Milliliter, zum Beispiel in einer kleinen Spritze - selbstverständlich ohne Nadel. Jetzt träufelt man die Lösung in den Gehörgang und massiert anschließend das Ohr, und zwar ganz unten am Ansatz, also eigentlich den Bereich unter dem Ohr. Wenn man es richtig macht, hört man ein schmatzendes Geräusch im Gehörgang. Nach einer Massage von einer knappen Minute empfehle ich zurückzutreten - der Hund wird sich jetzt schütteln und die Flüssigkeit spritzt heraus, mitsamt den Ablagerungen aus Schmalz, Schmutz und Entzündungsexsudaten.
Die meisten Hunde lassen sich den Vorgang gerne gefallen, merken sie doch nach dem ersten Mal eine willkommene Linderung von Brennen und Juckreiz. Selbst mein Bodo, der bezüglich seiner Ohren die absolute Drama-Queen raushängen ließ, akzeptierte die Prozedur nach einem angemessenen Training mit viel Geduld und Leckerli.
Ganz wichtig noch - beim leisesten Verdacht auf einen Trommelfellschaden darf keine Flüssigkeit ins Ohr kommen. Bei Unsicherheit vorsichtshalber den Therapeuten reinschauen lassen.

Vorkehrungen im Wohnumfeld

Für den Flohspeichelallergiker ist eine flohfreie Umgebung das A und O. Umfangreiche Tipps dazu folgen weiter unten.
Zu den häufigsten Allergieauslösern gehören Hausstaub- und Vorratsmilben sowie Schimmelpilze. Ist es auch nicht möglich, den Hund davor zu bewahren, können wir zumindest die Belastung so gering wie möglich halten. Was Bello auf jeden Fall gut tut: So viel wie möglich draußen sein - denn die genannten Allergene sind Hausbewohner. Wenn Bello zusätzlich eine Pollenallergie hat, ist draußen natürlich nicht in jeder Jahreszeit eine gute Idee... Aber ich versuche hier ja nur Linderungsmöglichkeiten aufzuzeigen. Zaubern ist im Buchpreis nicht enthalten.

Im Prinzip macht man im Haus nichts anderes, als wenn man selbst Asthmatiker wäre. Also die Staubbelastung gering halten und Schimmelentwicklung abblocken. (Um versteckte Schimmelherde ausfindig zu machen, gibt es übrigens speziell ausgebildete Suchhunde!) Im Einzelnen sehen die Maßnahmen so aus:

- **Zimmer**
  Im Schlafzimmer, und zwar vor allem in den Matratzen, finden sich die meisten Hausstaubmilben... Der Hund sollte also in einem anderen Raum schlafen, und schon gar nicht im Bett.
- **Waschen**
  Bezüge und Decken müssen bei mindestens 60 Grad gewaschen werden, am besten wöchentlich. Ebenso Stoffspielzeuge. Wenn es von der Größe her passt, hilft auch einfrieren.
- **Betten**
  Die Hundeliegeplätze sollten mit milbenresistentem Visco-Schaum oder mit Latex gepolstert sein. Spezielle Bezüge (Allergocover, Encasing) minimieren den Milbenbefall und lassen sich gut waschen. Hundekörbchen mit Obermaterial aus abwaschbarem Material wie Kunstleder eignen sich besser als mit Stoff bezogene Varianten.
- **Einrichtung**
  Je älter die Polstermöbel, desto stärker der Milbenbefall. Abwischbare Möbel sind zu bevorzugen. Vorhänge und Kissen sollten regelmäßig gewaschen werden. Weitere erfolgreiche Milbenbrutstätten sind Teppiche. Die sollte man am besten raus werfen... Ist das nicht möglich, hilft nur regelmäßiges Saugen. Dabei darf sich der Hund nicht im Zimmer aufhalten, und der Staubsauger sollte mit speziellen Filtern ausgestattet sein. Nach dem Saugen gut lüften. Eine bessere Wirkung als der Staubsauger hat die Teppichreinigung mit einem Dampfstrahlgerät. Es gibt dazu in der Drogerie akarizide (Milben abtötende) Zusätze für Dampfreiniger, die zumindest vorübergehend die Milbenbelastung reduzieren.
- **Putzen**
  Im Idealfall gibt es in der Wohnung nur glatte Böden. Regelmäßiges Wischen hält die Staub- und damit die Milbenmenge gering.
- **Vorratsmilben**
  Älteres Trockenfutter ist wie auch Lebensmittel (z.B. Müsli) können von Vorratsmilben befallen sein. Das Hundetrockenfutter kann man einfrieren und bekommt es so milbenfrei – doch das ist meist nicht die Lösung. Viele Atopiker reagieren auf den Kot der Milben, und gegen den nützen die Minustemperaturen nichts. Besser: Nassfutter geben, noch besser (sowieso) Frischfutter. Milben leben auch auf feuchten Wänden und sehr gerne in Käfigen von Kleintieren wie Hamstern oder Meerschweinchen. Kleintierkäfige kann man mit Flee Spray behandeln, dieses ist ungiftig und eliminiert die Milben.
- **Luftfeuchtigkeit**
  Trockene Luft mögen Milben nicht so sehr, weswegen man Luftbefeuchter entsorgen sollte (damit ist man gleichzeitig eine Schimmelpilzquelle los).

Denk dran: Auch Topfpflanzen erhöhen die Luftfeuchtigkeit und damit die Lebensqualität der Milben.

9. Stressvermeidung

Nicht jeder Hund mit einer Disposition zur Allergie entwickelt auch eben diese. Es müssen gewisse Umweltfaktoren als auslösender Umstand dazu kommen. Das können andere Erkrankungen oder Parasiten sein, aber auch ambientale Schadstoffe (z.B. Tabakrauch), die Haltungsbedingungen oder einfach seelischer oder physischer Stress.

Ich habe schon von meinem Dackel Felix erzählt, aber gerade hier, im Kapitel über seelischen Stress als Auslöser einer Allergie, möchte ich noch einmal auf ihn zurückkommen. Denn bis Felix acht Jahre alt war, wies nichts, aber auch gar nichts darauf hin, dass in ihm ein Allergiker steckte. Langhaardackel haben keine Rassedisposition, und seine Familie war unauffällig. Sein Alter war untypisch für den Beginn einer Atopie. Und er hatte vorher nie Hautprobleme gehabt.

Als es zu der tödlichen Beißerei zwischen zwei Hunden auf unserem Grundstück kam, war ich nicht da. Felix befand sich zum Glück im Haus - sonst wäre er womöglich auch umgekommen. Aber das Geschehen, vielleicht in Zusammenhang mit meiner wochenlangen krankheitsbedingten Abwesenheit, muss ihn nachhaltig schockiert und in seinen Grundfesten erschüttert haben, denn wenig später zeigte sich die Erkrankung und der gemeine Juckreiz begann. Felix fühlte sich nicht mehr wohl in seiner Haut.

Die Krankheit spricht.

Wir kennen bei Menschen viele Theorien, die den Zusammenhang zwischen Erkrankung und Hintergrund thematisieren: Hat jemand Rückenschmerzen, ist ihm vielleicht eine (seelische) Last zu schwer. Häufige oder anhaltende Erkältungen könnten ausdrücken, dass der Betroffene die Nase voll hat. Ein Asthmatiker fühlt sich möglicherweise bedrängt oder eingeengt und bekommt buchstäblich keine Luft mehr. Und so weiter.
In meiner fast 25-jährigen Tierheilpraxis fielen mir immer wieder tierische Patienten auf, bei denen ich Beziehungen zwischen Erkrankung und äußeren Umständen vermutete. Auch Fälle ähnlich dem von Felix habe ich noch einige kennengelernt, also den Beginn einer allergischen Erkrankung nach einem einschneidenden Ereignis, einem Schock, einer Stress-Situation.
Klar, manche Dinge passieren eben, die lassen sich nicht vorher absehen und nicht verhindern.

Warum ich aber auf dem Thema Seele und Stress herumreite, hat folgenden Grund: Mit den Maßnahmen, die ich in diesem (langen) Kapitel beschreibe, kann man einen guten Teil der Allergiker symptomfrei bekommen, oder wenigstens die Beschwerden so lindern, dass das Leben für Hund und Halter wieder schön ist. Wenn das geschafft wurde, dann sollte man gut auf das Immunsystem aufpassen - und auf die Seele. Also psychische Belastungen vermeiden, denn diese können jederzeit die ganzen therapeutischen Bemühungen zunichtemachen, was hieße: Gehe zurück auf Los...
Stress für den Hund tritt in vielfältiger Variation auf. Falsche Haltungsbedingungen gehören dazu - wird ein temperamentvoller Hund zu wenig gefordert, gerät er unter Dauerstress. Andersrum: Zu viele Übungen, zu viel Training, mangelnde Ruhephasen können ebenso belastend für ein Tier sein. Veränderungen im Wohnumfeld stressen ein sensibles Tier, wie auch neue Mitbewohner, ob Mensch oder Tier. Der Abschied von einem Familienmitglied kann der Seele weh tun und körperliche Auswirkungen haben. Eine Reise kann anstrengend für einen Hund sein.

Und mancher erträgt es einfach nicht, in eine Hundepension „abgeschoben" zu werden.
Nun meine ich nicht, dass unser haariger Liebling in Watte gepackt und dauergeschont werden sollte. Das macht sowieso keinen Sinn, denn auch Stress-Resilienz will trainiert sein. Aber wenn wir mit einem Allergiker zusammenleben, müssen wir manche Entscheidungen über sein Leben auch unter diesem Gesichtspunkt treffen. Ist eine belastende Situation unausweichlich, dann versuchen wir wenigstens, unserem Liebling zu helfen.

> **In solchen Situationen können Bachblüten großartig für Entspannung sorgen.**

Als Ersthilfe bekannt ist *Rescue Remedy*. Die Notfalltropfen gehören zu den Heilmitteln, die wir in unserer naturheilkundlichen Hausapotheke immer vorrätig haben möchten, und am besten tragen wir ein zweites Fläschchen in der Handtasche mit uns. Wir können sie einmalig verabreichen oder einige Tage lang alle paar Stunden, wir können sie ins Trinkwasser oder übers Futter geben. Es gibt sie als Tropfen mit Alkohol versetzt, aber auch - für Tiere viel günstiger - in wässriger Lösung ohne Alkohol, und man bekommt sie sogar in Globuliform.

Bachblüten können bei seelischen Problemen für Klärung sorgen.

Warum Bachblüten wirken, hat sich mir nie erschlossen. Als ich während meiner Ausbildung zum ersten Mal von der Theorie des Dr. Edward Bach hörte, dachte ich bei mir: „Redet weiter, lügt mich an..." Trotzdem besorgte ich mir ein Komplettpaket mit allen Blüten und begann, sie in meiner Praxis einzusetzen. Bis heute begeistert mich immer wieder, wie stark sich die energetische Wirkung bei Tieren zeigt. Ich habe mithilfe von Rescue Remedy oder individuellen Bachblütenmischungen schon vielen Tieren aus seelischen Krisen geholfen. 38 verschiedene Blütenbilder stehen für Verhaltensmuster wie Ängstlichkeit und Panik, Intoleranz, Ungeduld, geistige und seelische Erschöpfung, Sorge oder Überfürsorglichkeit, Perfektionismus, Unentschlossenheit, Tyrannei. Jede Eigenschaft, die in Maßen normal und erträglich ist, kann bei übertriebener Persistenz kräfteraubend werden, zu Stress führen und langfristig den Organismus schädigen.
Die Behandlung mit einer individuellen, auf das Tier abgestimmten Bachblütenmischung ist in vielen Fällen eine sinnvolle Ergänzung zu anderen Therapien.
Beim Allergiker steht meist die Blüte Nummer 10 im Mittelpunkt, Crab Apple. Sie gilt als Reinigungs- und Allergieblüte, gut gekennzeichnet durch die Aussage: „Der Patient fühlt sich nicht wohl in seiner Haut". Diese mische ich mit bis zu vier weiteren Blütenessenzen, wobei ich auf mögliche seelische Ursachen für die Erkrankung eingehe: Hat das Tier schlechte Erfahrungen oder einen Schock nicht verarbeitet? Ist es überlastet, etwa aus Überfürsorglichkeit? Fühlt es sich durch andere Tiere oder Menschen in seinem Haushalt unterdrückt? Wird es durch Ängste gequält?
Richtig eingesetzt kann eine Bachblüten-Mischung seelische Blockaden lösen und den Weg zur heilenden Therapie freimachen.

10. „Pflege" des Immunsystems

Das Immunsystem funktioniert nur so gut, wie es gepflegt wird. Viele äußere Einflüsse beeinflussen seine Arbeit, und gerade beim Allergiker kann dies heftige Folgen haben.
Die Ernährung ist entscheidend für die Leistungsfähigkeit der körpereigenen Abwehr. Darüber hinaus sollten wir ein Augenmerk auf jegliche Medikamente haben, die unserem Hund angeraten oder verschrieben werden. So wenig wie möglich, so viel wie nötig, ist hier noch die sanfteste Empfehlung (die Frage ist häufig, wer was als notwendig erachtet). Besonders immunsuppressive Arzneimittel sollten sehr kritisch eingesetzt werden.

Impfungen

In vielen Tierarztpraxen wird nach wie vor zur regelmäßigen Impfauffrischung geraten. Am liebsten die Sechsfachimpfung mit Tollwut (SHPPiLT), bitte jährlich. In meinen Augen ist das eine Frechheit. Denn vom Weltverband der Kleintierärzte (World Small Animal Veterinary Association = WSAVA) gibt es

schon lange ganz andere Empfehlungen, die auf fundierten wissenschaftlichen Erkenntnissen basieren. Und selbst der hiesige Bundesverband praktizierender Tierärzte hat sich dazu durchgerungen, zwischen wichtigen (Core) und unwichtigen (Non-Core) Impfungen zu unterscheiden und die Intervalle anzupassen. Die Pharmaindustrie hat sich angepasst und bietet diverse Impfseren an, die mindestens drei Jahre schützen.
Leider setzen sich weiterhin viel zu viele Kleintierärzte über diese Empfehlungen hinweg und bestellen ihre Klienten freundlich, aber bestimmt, zur jährlichen „Schutz"-Impfung. Dabei unterscheiden sie nicht einmal zwischen gesunden Tieren, die geimpft werden dürfen, und ungesunden, die laut Beipackzettel der Impfstoffe davon ausgenommen sind. Wichtig: Ein Allergiker ist kein gesunder Hund! Und gerade seine Krankheit hat unmittelbar mit dem Immunsystem zu tun. Genau darauf aber nimmt jede Impfung direkten Einfluss. Das kann ganz schön nach hinten losgehen.

> **Ich bin kein Impfgegner: Wat mutt, dat mutt. Stellt sich die Frage, was denn sein muss.**

Die Impf-Empfehlungen
Die Ständige Impfkommission Veterinärmedizin (StIKo Vet) am Friedrich-Loeffler-Institut ordnet in ihrer Leitlinie für Kleintiere (Stand: 1.1.2021) nur noch drei Impfungen als unverzichtbar ein: Parvovirose, Staupe und Leptospirose. Die anderen in den häufig verabreichten Sechs- oder Siebenfachimpfungen sind zu vernachlässigen bis überflüssig.
Zu den Core-Impfungen gibt die StIKo Vet sowohl für die Grundimmunisierung als auch für die Wiederholungsimpfungen konkrete Anleitungen:

Grundimmunisierung
Als Grundimmunisierung der Welpen gelten alle Impfungen in den ersten beiden Lebensjahren. Folgende Core-Impfungen werden für das entsprechende Lebensalter empfohlen:

- 8 Lebenswochen: Parvovirose, Staupe, Leptospirose
- 12 Lebenswochen: Parvovirose, Staupe, Leptospirose
- 16 Lebenswochen: Parvovirose, Staupe
- 15 Lebensmonate: Parvovirose, Staupe, Leptospirose

AdobeStock: annaav, rodimovpavel

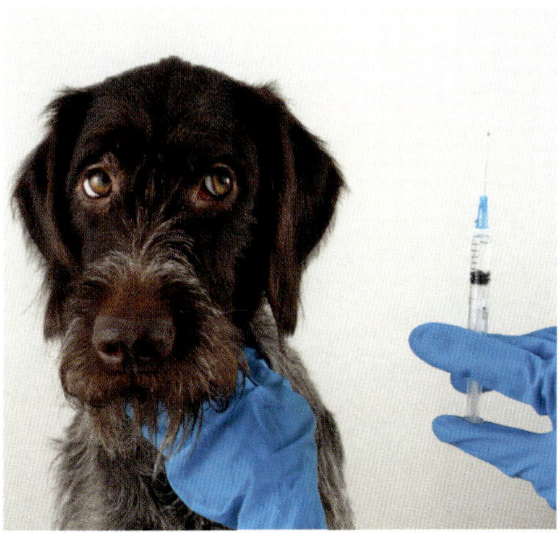

Nach erfolgreicher Grundimmunisierung werden gegen Staupe und Parvovirose je nach Hersteller Wiederholungsintervalle von bis zu drei Jahren empfohlen. Gegen Leptospirose ist eine jährliche Wiederholungsimpfung erforderlich.

Wird ein erwachsener Hund erstmalig geimpft, braucht er keine Auffrischung nach vier Wochen. Eine einmalige Impfung reicht für eine Immunantwort, also als Grundimmunisierung aus.
Staupe und Parvovirose werden durch Viren ausgelöst. Impfungen gegen Viruserkrankungen haben eine sehr lange Schutzwirkung. Menschliche Masern-Erreger sind eng verwandt mit dem Staupevirus. Gegen Masern wird man als Kind geimpft – danach nie wieder.
Jetzt zur **Leptospirose**: Diese wird durch Bakterien verursacht. Impfungen gegen bakterielle Erreger haben grundsätzlich eine sehr viel kürzere Wirkungsdauer als gegen Viruserkrankungen, weswegen jährliche Auffrischungen empfohlen werden. Der Schutz bleibt dann immer noch unzureichend, da die Impfstoffe maximal vier Serogruppen abdecken, es aber viele weitere gibt. Dazu kommt, dass die Leptospirose-Impfung zu den schlecht verträglichen gehört, also häufig Nebenwirkungen bzw. Impfreaktionen beobachtet werden.

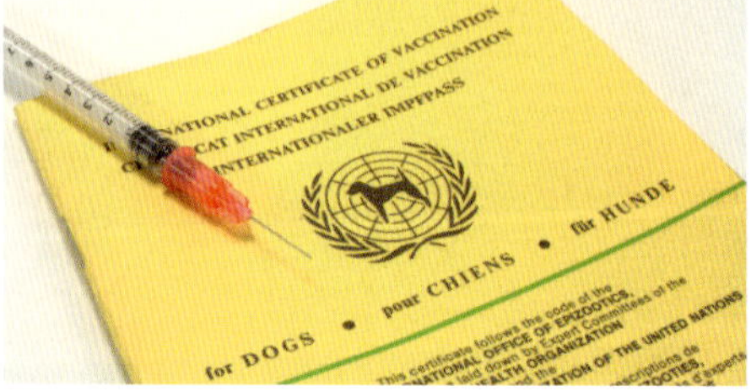

Mein Tipp: Leptospirose kann nur übertragen werden, wenn Hunde in stehenden Gewässern baden, aus kontaminierten Pfützen trinken oder Mäuse und andere Kleinnager fressen, die den Erreger transportieren könnten. Ist das alles nicht der Fall, kannst du dir und deiner Fellnase diese fragwürdige Impfung getrost ersparen.

Siehst du eine realistische Gefährdung, habe ich diese **Tipps:**

- Lass die Leptospirose-Impfung einzeln verabreichen. Das erwirkt eine stärkere Immunität und verringert das Nebenwirkungs-Risiko.
- Da Impfungen gegen bakterielle Erreger eine kürzere Schutzwirkung zeigen, lass am Jahresanfang impfen, bevor sich in der wärmeren Jahreszeit die Leptospiren vermehren.

Die Zahl der Leptospirosefälle ist gering. Für Hunde kursiert eine Zahl von durchschnittlich 15 - pro Jahr. Die Impfnotwendigkeit wird damit begründet, dass sich Menschen beim Hund infizieren könnten. Derartige Fälle sind aber selten, für fast alle menschlichen Infektionen lassen sich andere Quellen ausmachen. Für Menschen liegt die Erkrankungsrate bei 0,07 bis 0,17 von 100.000 Personen jährlich. Es gibt keine Impfung.
Der Vollständigkeit halber möchte ich hier noch auf die 2016 überarbeiteten

Gemäß WSAVA sollten Hunde so wenig Impfungen wie möglich erhalten, um die Gesundheit nicht unnötig zu belasten.

Richtlinien des „Weltverbandes der Kleintierärzte" hinweisen.
Der Weltverband empfiehlt, Hunde nicht öfter als alle drei Jahre zu impfen – „nicht öfter als" bedeutet nicht, dass sie alle drei Jahre geimpft werden müssen. Im Gegenteil, die WSAVA verweist auf eine Studie (Schultz et al. 2010), nach der die Immunität nach Staupe- und Parvovirose-Impfungen neun Jahre oder länger anhält. Die Leptospirose-Immunisierung ordnet sie als Non-Core ein. Bei einem immunen Hund bringen weitere Impfungen keinen zusätzlichen Schutz. Der WSAVA rät vielmehr, im Zweifel per Blutanalyse den Titer (die Antikörper) bestimmen zu lassen, bevor weitere Impfungen erfolgen. Diese Titerbestimmung kann jeder Tierarzt oder Tierheilpraktiker in Laboren beauftragen. Da mein Bodo zuletzt anlässlich seiner Adoption im Jahr 2016 in den Genuss der Immunisierung kam, habe ich im März 2023 seine Antikörper messen lassen. Ergebnis: Sieben Jahre nach der letzten Immunisierung zeigt er einen ausreichend hohen Titer, es ist kein Grund für eine Auffrischung erkennbar.

Man muss sich bei den gerne verabreichten Sechs- oder Siebenfachimpfungen fragen, ob das Immunsystem in der Lage ist, auf jeden Erreger eine genügende Immunantwort zu produzieren. Je mehr Impfseren zur gleichen Zeit injiziert werden, desto größer die Beanspruchung für den Körper. Am schonendsten und sichersten ist die Verabreichung von Einzelimpfstoffen mit zeitlichem Abstand voneinander. Wenn dein Tierarzt das ablehnt und/oder zu denen gehört, die kommentarlos im Impfpass die nächste Fälligkeit des Impfcocktails nach zwölf Monaten eintragen, könntest du erwägen, den Arzt zu wechseln.

Staupe-Virus-Antikörper (IFAT)

Parameter	Ist-Wert	Normwert	niedrig	normal	hoch
Staupe-Titer	**1:640**	> 1:80			
Bewertung:	**positiv**				

Leptospiren Antikörper:

Parameter	Ist-Wert	Normwert	niedrig	normal	hoch
L.canicola	**< 1:100**	< 1:100			
L.icterohämorrhagiae	**< 1:100**	< 1:100			
L.grippotyphosa	**< 1:100**	< 1:100			
L.bratislava	**< 1:100**	< 1:100			
L.pomona	**< 1:100**	< 1:100			

Parvovirus Antikörper:

Parameter	Ist-Wert	Normwert	niedrig	normal	hoch
Parvo-Titer:	**1:320**	> 1:80			
Bewertung:	**positiv**				

Auszug aus der Impftierbestimmung von Bodo im März 2023.

Was rate ich konkret?
Wenn dein Hund einige Jahre alt ist und mindestens grundimmunisiert wurde, vielleicht sogar bis jetzt jährlich die Auffrischung bekam, dann hast du jetzt drei Jahre Impfpause. Du kannst aber von einer viel längeren Schutzdauer ausgehen. Die im Impfpass eingetragenen Fälligkeiten sind für niemanden verbindlich, denn es gibt in Deutschland für keine Impfung eine gesetzliche Verpflichtung.
Nur wenn du grenzüberschreitend mit deinem Hund verreist, musst du dich über gesetzliche Bestimmungen informieren. Mach das unbedingt rechtzeitig vor Reiseantritt. Oder bleib in Deutschland - hier gibt es keine Pflichtimpfungen.

Sonderfall Tollwut
Tollwut gilt laut StIKo Vet nicht mehr als Core, denn Deutschland gilt als tollwutfrei. Ich möchte aber nicht unterlassen, dich über die Tollwut-Verordnung aufzuklären. Danach kann ein ungeimpfter Hund bei begründetem Tollwutverdacht eingeschläfert werden, also zum Beispiel, wenn er durch ein Wildtier gebissen wurde. Dennoch gibt es keinen Grund, jährlich zu impfen, denn gegen Tollwut gibt es Impfstoffe mit Zulassung für bis zu drei Jahre. Achte darauf, dass dein Tierarzt einen solchen nimmt und die Gültigkeit korrekt einträgt.

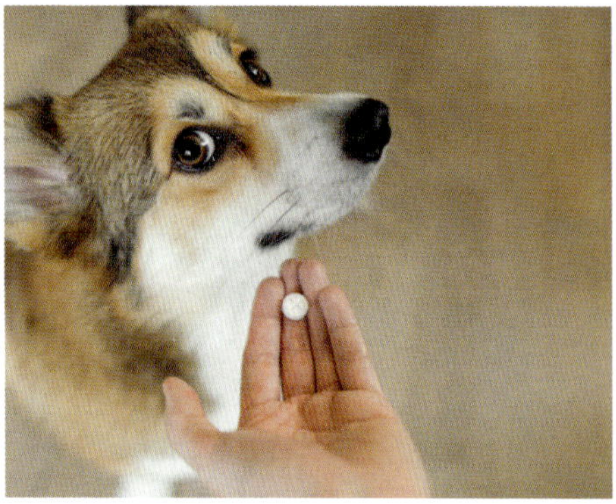

AdobeStock: Justyna

Wurmkur

Ein weiterer Liebling der Veterinärpraxis ist die Parasitenprophylaxe. Sehr gerne wird die vierteljährliche Wurmkur empfohlen (für Welpen werden noch viel kürzere Abstände genannt). Dazu musst du natürlich nicht jedes Mal mit Bello in die Praxis kommen, die Pillen und Pasten werden über den Tresen verkauft wie Leckerli. Etwa so gut schmecken moderne Präparate auch. Und selbstverständlich sind sie völlig ungefährlich - sagen die Hersteller.
Die Tierärztin und Autorin des Bestsellers „Hunde würden länger leben, wenn... / Schwarzbuch Tierarzt", Dr. med. vet. Jutta Ziegler, hat ausgerechnet, dass ein „Hund, wenn er denn ein Alter von 15 Jahren erreicht, auf eine Entwurmungs-Kuranzahl von etwa 66-mal" kommt: „Was da an Chemiemengen im Laufe eines Hunde- bzw. Katzenlebens in unsere Tiere hineingepumpt wird, kann und will man sich kaum vorstellen". Sie selbst hat in ihrer Praxis „zahlreiche Fälle erlebt, bei denen sich durch diese ständigen ‚Wurmkeulen' Allergien entwickelt haben". Entsprechend rät sie Besitzern von Allergikern von jeglichem Gift für ihre Tiere ab.

Falls du es noch nicht wusstest: Eine Wurmprophylaxe ist überhaupt keine Prophylaxe. Denn sie kann nur wegmachen, was da ist. Sie kann nicht verhindern, dass schon am Tag nach der Verabreichung ein Neubefall von Darmparasiten stattfindet. Hat dein Hund zum Zeitpunkt der Einnahme keine Würmer, ist das Mittel wirkungslos - aber nicht zwingend folgenlos. Für die Darmflora sind die „Wurmkuren" zwar nicht so verheerend wie etwa Antibiotika. Aber wenn wir unseren Vierbeiner möglichst wenig mit irgendwelchen Toxinen belasten wollen, müssen wir auch diese Medikamente berücksichtigen.
Ein gesunder Darm (Basislager eines großen Teiles des Immunsystems) kann sich ganz gut gegen eine Wurmbesiedelung wehren. Die Natur bietet dabei wertvolle Unterstützung. Mit Nahrungsmitteln, Nahrungsergänzungsmitteln und Kräuterrezepturen gestalten wir das Darmmilieu unangenehm für Parasiten, was dann tatsächlich als Prophylaxe zu bezeichnen ist. Beispielsweise kann eine Kur mit geraspelter Möhre, Kokosflocken und Propolispulver den Darm stärken und ungebetene Gäste hinausbefördern. Wer sich mit gesunder Ernährung seines Vierbeiners beschäftigt, wird ganz sicher über weitere Rezepte zur Parasitenprophylaxe stolpern.

Hast du den Verdacht, dass dein Hund Parasiten beherbergen könnte, oder willst du nur regelmäßig sichergehen, dann lass den Kot auf Würmer testen. Nur bei positivem Befund lässt du dir das passende Entwurmungsmittel geben – und bald danach empfiehlt sich eine Entgiftung und Darmsanierung.

Andere Medikamente

„Ich bin sicherheitshalber zum Tierarzt gegangen und LEIDER muss mein Hund ein Antibiotika nehmen", ist der Klassiker in allen Online-Diskussionen rund um die Tiergesundheit. Abgesehen davon (nenn mich Besserwisser), dass es ein Antibiotikum ist und das andere die Mehrzahl, bin ich immer wieder erstaunt, wegen welcher Lappalien Tierärzte Antibiotika geben.
Den Besitzern kann ich da kaum einen Vorwurf machen. Wenn ich mit meinem Hund voller Sorge den Fachmann aufsuche und Hilfe erwarte, gehe ich davon aus, dass diese nach bestem Wissen und Gewissen geleistet wird. Nun ja... Halter und Tierarzt sollten öfter dran denken, dass der normale Hund eine funktionsfähige Immunabwehr hat - wie auch wir Menschen. Nehme ich bei leichtem Schnupfen oder einem eingerissenen Fingernagel ein Antibiotikum? Pah... Warum aber soll mein Hund fünf oder sieben Tage lang das Medikament nehmen, nur weil er eine Kralle eingerissen hat?

Oder weil die Nase läuft? Warum eine antibiotische Augensalbe bei einer leichten Konjunktivitis?

Ein **Antibiotikum** ist seiner griechischen Namensherkunft entsprechend gegen (anti) das Leben (bios). Es hemmt Mikroorganismen am Wachstum oder tötet sie. Das Problem: Es unterscheidet nicht unbedingt, ob der Mikroorganismus gut oder böse ist. Dementsprechend fallen jedem eingenommenen Antibiotikum ein Haufen wichtiger Bewohner und Mitarbeiter der Darmflora zum Opfer. Das ist ein Großangriff aufs Immunsystem.

Aus diesem Grunde möchte ich allgemein, aber noch stärker bei Allergikern, eindringlich davor warnen, medikamentös mit Kanonen auf Spatzen zu schießen. Weniger ist manchmal mehr, besonders bei eher lapidaren Gesundheitsstörungen. Wenn du dir unsicher bist und trotzdem sicherheitshalber zum Tierarzt gehst, magst du ihn vielleicht fragen: „Würden Sie in diesem Fall Ihrem Hund (oder Kind) dieses Medikament verabreichen? Oder können wir mein Tier anders unterstützen und abwarten, ob es dieses Mittel tatsächlich braucht?“ - Häufig führen in der tierärztlichen Praxis Erwartungshaltungen zu Verschreibungen. Der Tierbesitzer vertraut auf Hilfe, und manch einer akzeptiert diese nur in Form einer Spritze und Tabletten. Der Tierarzt vermutet, dass der Tierbesitzer etwas sehen möchte, also eine Aktion - und das wäre wieder die Medikation. Kläre deinen Tierarzt auf, dass dir auch mal eine

AdobeStock: Lustiemedia

Diagnose mit einer Prognose reicht. Ein guter Tierarzt gibt Tipps für Maßnahmen aus der Natur und steht dir auch in zwei Tagen zur Seite, sollte dein Liebling unvorhersehbar doch mehr Unterstützung benötigen.

AdobeStock: Mushy

Wie man Flohbefall verhindert

Bei einem Flohspeichelallergiker nützen sämtliche Vorkehrungen nichts, wenn nicht der Auslöser der Beschwerden – der gemeine Floh - eliminiert wird. Auch Atopiker und Futtermittelallergiker reagieren häufig überempfindlich auf Flohbisse.
Es gibt Hunde, die bleiben ihr Leben lang flohfrei. Andere schreien grundsätzlich „Hier!", wenn so ein Blutsauger einen neuen Wirt sucht. Manche Hunde sind trotz Flohbefalls unauffällig, zeigen also keinen vermehrten Pruritus. Andere werden vor Juckreiz halb wahnsinnig, kratzen und beißen sich Tag und Nacht, verletzen sich selbst. Das sind die Flohspeichelallergiker, und denen muss nicht erst im Falle eines Befalles geholfen werden - hier ist Vorbeugung notwendig. Denn vor Flöhen kann man schützen.
Ich meine nicht, dass man einen Hund ganzjährig mit Chemiekeulen belasten muss, um jegliches Parasitenrisiko auszuschließen. Seit langer Zeit handhabe ich es so, dass ich nur gegen Flöhe behandele, wenn tatsächlich welche da sind. Ich habe während meiner Jahre auf Mallorca dutzende von Pflegehunden aus Tierheimen ins Haus geholt, und davon trugen garantiert einige unerwünschte Untermieter im Fell, aber eine Flohinvasion hatten wir nie. Einzig unser Charly neigte gelegentlich zu leichtem Flohbefall, während die anderen drei Hunde dies konsequent und erfolgreich ablehnen.

Woran liegt es, dass Flöhe nicht auf jeden Hund gehen?
Man weiß es nicht sicher, aber der Körpergeruch kann eine Rolle spielen. Immerhin gibt es ätherische Öle, die Flöhe einigermaßen konsequent fernhalten. Bellos Duft hat selbstverständlich vor allem mit der Ernährung zu tun. Und mit dem Immunsystem. Leider gibt es keine allgemeingültige Regel, nach der man seinen Vierbeiner dauerhaft und garantiert parasitenfrei hält. Der ganzheitliche Ansatz aber mit Focus auf Gesundheit und Immunabwehr ist sinnvoll. Oft hilft schon eine Verbesserung der Fütterungsqualität, um die Anziehungskraft auf Flöhe und Zecken herabzusetzen und gleichzeitig Schutz vor inneren Parasiten (Würmer, Einzeller) aufzubauen.
Wenn jetzt aber der Hund eine Flohspeichelallergie hat und überdies ein Flohmagnet ist, wie schütze ich ihn? Fakt ist:

Du erfährst es auf den folgenden Seiten, aber es reicht nicht, nur den Hund selbst zu behandeln.

Der Flohschutz für den allergischen Hund muss idealerweise neben der tödlichen eine repellierende, also abweisende Wirkung haben. Der Parasit darf gar nicht erst auf die Idee kommen, auf den Hund zu springen und ihn zu stechen. **Wie kriegen wir das hin?**

AdobeStock: MiSt

Foto: Dragun

Unscheinbare dunkle Krümel im Fell werden häufig als Flohkot identifiziert.

Natur, Chemie - oder eine Kombination aus beidem?

Unabdingbar bei Flohbefall ist die Umgebungsbehandlung. Warum? Das beantwortet uns das Wissen um das Leben des gemeinen Hundeflohs, Ctenocephalides canis.

Auf dem Hund ist nämlich nur der erwachsene Floh zu finden, dessen Lebenszyklus recht übersichtlich ist. Ein Flohweibchen legt nach der Paarung Eier ins Fell des Hundes, viele Eier. Die aber kleben nicht in den Haaren, sie fallen ab und verteilen sich großzügig überall dort, wo sich Bello aufhält. Aus den Eiern entwickeln sich Larven, die sich von organischen Partikeln in der Umgebung und vom Kot ihrer Eltern und der vielen Verwandten ernähren. **Du erinnerst dich an den Küchenpapier-Test?**

> Übrigens: Flöhe können mehrere Monate alt werden und viele neue Generationen begründen.

In den Kotkrümeln befindet sich noch ziemlich viel unverdautes Blut, erkennbar am Farbstoff Hämoglobin. Je mehr Flöhe am Hund saugen und Darmausscheidungen produzieren, desto mehr Exkremente fallen aus dem Fell, und umso besser ist die Brut versorgt. Die Larven häuten sich zweimal, verpuppen sich, und je nach Umgebungskomfort und Versorgungslage schlüpfen nach fünf Tagen bis sechs Monaten (!!!) die fertigen Flöhe. Die entern dann schnellstmöglich den Hund des Hauses, und dort kommt es nach einer oder

mehreren stärkenden Mahlzeiten schon bald zum Geschlechtsakt. Und dann fängt die Geschichte von vorne an, und wenn sie nicht gestorben sind... Hund kann sich so ein Insekt eigentlich überall einfangen, also nicht nur via Übertragung von einem anderen Fellträger, sondern an jedem Ort, wo gerade eine Larve zum Flöhchen mutiert ist.
Außerdem sind Flöhe Überträger von Bandwürmern. Man will wirklich keinen Floh auf dem Hund, respektive im Haus haben. Und schon gar nicht kinderreiche Flohfamilien.
Nun dürfte klar sein, warum ein Bad mit einem Flohshampoo kaum nachhaltige Wirkung zeigt. Denn der Nachwuchs, die Eier und die daraus schlüpfenden Larven, befinden sich in den Floh-Kinderkrippen in der Umgebung: Im Hundekörbchen, auf der Couch, in Dielenritzen, im Teppichboden - eigentlich überall, wo es dunkel ist. Um der Plage langfristig Herr zu werden, muss sorgfältig die Umgebung behandelt werden. Und natürlich ist der Hund mit einem Repellent zu schützen, günstigerweise einem, das gleichzeitig die Fortpflanzungsfähigkeit der kleinen Biester verhindert. So ist nach einigen Monaten der Spuk endgültig vorbei.

Ich rate nicht dazu, Hunden und Katzen ganzjährig chemische Antiparasitika zu verpassen. Es gibt ganz viele Haustiere, die in ihrem ganzen Leben keinen Floh und keine Zecke haben. Und aus eigener Erfahrung weiß ich, dass man bei frühzeitigem Erkennen eines Flohbefalls die Plage ganz ohne Chemie in den Griff bekommen kann. Sogar in einem Mehrhundehaushalt.

Meine persönliche Floh-Erfahrung
Charly lebt nicht mehr, aber bevor er mit 16 Jahren in den Himmel ging, war in unserem Hunderudel immer er der Transporter von Flöhen. Woher auch immer er sie holte. In seinem fast weißen, recht dünnen Fell erkannte ich die kleinen, dunklen Hüpfer aber immer schnell, und dann verlor ich keine Zeit. Alle meine Hunde (es waren bis zu fünf) wurden täglich mittels Flohkamm auf Befall untersucht. Erwischte ich einen Plagegeist, ertränkte ich ihn sofort in einer bereitstehenden Schüssel mit Spülwasser. Das ganze Haus inklusive der Polstermöbel und Hundebetten wurde täglich gründlich gesaugt, Bezüge zweimal wöchentlich gewaschen. Nicht-waschbare Teppiche und Möbel behandelte ich mit Flee-Spray. Ich hatte in den letzten sechs Jahren dreimal Flöhe im Haus, und ich brauchte keine Chemie.
Wichtig: Wenn man sie nicht zügig bekämpft, können sich wenige Flöhe zu einer Invasion entwickeln. Dann hilft unter Umständen tatsächlich nur noch ein Fogger, ein Vernebler von Antiparasitika, der ein Nervengift im ganzen Haus verteilt. Nicht witzig, denn das ist nicht nur für die Flöhe toxisch.

Wie du deinen Hund vor Flöhen schützen kannst und welche Maßnahmen bei Befall wirken, erfährst du jetzt.

Foto: K. Wald

Charly am Strand von Sankt Peter Ording

Mit den Waffen der Natur
Der Geruch eines Wirtstieres zieht Flöhe an. Andere einladende Faktoren sind Körperwärme und Vibrationen durch die Bewegung. Diese beiden Komponenten lassen sich nicht manipulieren – aber der Duft. Ein gesundes Immunsystem riecht offenbar weniger lecker für die Parasiten als ein schwächlicher Organismus. Daran müssen wir also arbeiten - aber das ist eh erforderlich bei unserem Allergiker, und dazu gab es ja schon viele Tipps.

AdobeStock: Justyna

Mit diesen Hausmitteln schützt du deinen Hund vor Flohangriffen:

- Tägliches Kämmen mit dem **Flohkamm** – einmal, um Flöhe zu entfernen, und unbedingt zur Probe, ob der Befall noch anhält.
- **Kokosöl** wird viel empfohlen: Täglich sparsam auf das Fell des Vierbeiners aufgetragen, soll es Zecken und Flöhe fernhalten. Was gerne vergessen wird: Es muss hochwertiges natives Öl sein, nur darin ist der Laurinsäuregehalt hoch genug. Bei manchen Hunden hilft es überzeugend, bei anderen kein bisschen.
- Den Hund mit **Knoblauch** füttern kann bewirken, dass sein Körpergeruch unattraktiv für Flöhe wird. Es stimmt, dass Knoblauch (wie alle Zwiebelgewächse) Störungen im roten Blutbild verursachen kann. Dafür muss es aber extrem hoch dosiert werden - ab 5g pro Kilogramm Körpergewicht.
- **Ätherische Öle** halten Flöhe durch den Geruch fern. Geeignet sind Citronella, Eukalyptus, Teebaumöl, Pfefferminz, Rosmarin und Lavendel. Auch Halsbänder und Leinen kann man damit beduften, denk aber daran, dass dein Hund ein sehr viel sensibleres Riechorgan hat als du und auf Citronella nicht unbedingt abfährt. Auch wichtig: Ätherische Öle sind meistens potenzielle Allergene - also vorsichtig einsetzen. Und falls im Haushalt eine Katze lebt, auf keinen Fall Teebaumöl einsetzen.

Flohschutz-Spray selber machen
Flöhe ignorieren deinen Hund, wenn er nach Lavendel, Neemöl oder Zedernholz duftet. Du kannst einfach ein bis zwei Tropfen der entsprechenden ätherischen Öle mit Wasser mischen und deinen Vierbeiner damit einsprühen. Auch der Duft nach Orangen oder Zitronen vergrämt Flöhe. Dazu eine Frucht in Stücke schneiden, einmal mit Wasser aufkochen und über Nacht ziehen lassen. Auch DMSO soll eine repellierende Wirkung haben. Beim Einsprühen - egal mit welcher Lösung - musst du selbstverständlich Augen und Schleimhäute deines Hundes schützen.
Wichtig: Um einen akuten Flohbefall zu bekämpfen, werden diese Sprays nicht ausreichen.

Im Handel gibt es eine große Zahl von Repellents natürlicher Herkunft. Sie arbeiten meist auf Basis von Neemöl (auch: Margosa, Niembaum), Geraniol, Kokosöl und ätherischen Ölen. Seriöse Hersteller sind unter anderem: Amigar, Anibio, Aniforte, Beaphar, cdVet, Das gesunde Tier, Dr. Jutta Ziegler, Naturavetal oder Trixie. Auch wirksame, natürliche Umgebungssprays findest du bei diesen Firmen.
Bei vielen Hunden wirken Tabletten mit Bierhefe, B-Vitaminen und anderen Inhaltsstoffen, die den Hautstoffwechsel aktivieren und den Körpergeruch verändern sollen (z.B. Formel Z).
Wichtig: Sowohl was ätherische Öle als auch Bierhefe angeht, ist bei Allergikern Vorsicht angezeigt.
Zu jedem Produkt gibt es gute wie schlechte Bewertungen. Bei einem Hund schützt es perfekt, beim anderen versagt es kläglich. Das ist ein ständiges Problem,

AdobeStock: Photoboyko

AdobeStock: Pixel-Shot

dass bei der Flohbekämpfung keine hundert Prozent zu erreichen sind. Wenn ein Produkt bei deinem Vierbeiner nicht wirkt, muss das aber nicht gleich heißen, dass es nichts taugt. Jedes Individuum ist anders und gerade die Mittel aus der Natur entfalten unterschiedliche Wirkungsgrade. Jeder Hundehalter muss daher selbst experimentieren und so herausfinden, welches Mittel bei seinem Liebling und in seinem Umfeld am besten wirkt. Deswegen schreibe ich hier absichtlich wertfrei.
Nach meiner Erfahrung und Recherche hat es wenig Zweck, nur eine einzelne Maßnahme zu ergreifen und dann zu erwarten, dass sich die blutdürstigen Plagegeister dünne machen. Nicht nur wer auf die ungeliebte Chemie verzichten will, muss sich engagieren und ein Komplettprogramm durchführen. Unabdingbar bei der Anti-Floh-Strategie ist die Konsequenz: Durchhalten heißt die Devise.

Umgebungsbehandlung gegen Flöhe

- **Staubsaugen**
  Da die Eier und Larven auf Fußböden und Möbeln, in Teppichen und Hundebetten aufhalten, ist regelmäßiges Saugen sehr wertvoll.
- **Natürliche Gifte**
  Geranienöl (Geraniol) ist eines der potentesten natürlichen Mittel gegen Flöhe. Man gibt einige Tropfen mit Wasser gemischt in eine Sprühflasche und sprüht damit Wohntextilien, Hundekörbe etc. ein. Vorsicht: Geraniol ist zwar natürlich, deswegen aber nicht ungiftig, weswegen man Dosierungsempfehlungen beachten oder nur Fertigprodukte anwenden sollte. Auch das Allergiepotential ist nicht ohne.
- **Putzen**
  Einige Tropfen ätherische Öle machen sich gut im Putz- und Wischwasser.

- **Waschen**
  Bei Flohbefall sollten alle waschbaren Textilien, die möglicherweise durch Floheier und Larven befallen sind, bei mindestens 60 Grad gewaschen werden. Dazu gehören auch Hundedecken und Spielzeuge. Ins Nachspülprogramm kannst du einige Spritzer ätherische Öle geben.
- **Essig**
  ist ebenfalls flohabwehrend (und vertreibt üble Gerüche) - also unbedingt auch beim Putzen und Wischen einsetzen. Alternativ Zitrone bzw. Zitronensäure.
- **Salz**
  Eine Salzlauge für die Fußbodenreinigung soll die Brut der Flöhe vernichten. Je nach Fußbodenbelag wäre ich damit sehr vorsichtig.
- **Kieselgur**
  ist die nächste Geheimwaffe gegen den Parasitennachwuchs in Teppichen und Parkettfugen. Manche empfehlen, das trockene Pulver zu verstreuen, allerdings kann man die so behandelten Räume dann ohne Atemschutz nicht mehr betreten. Es gibt ein Produkt namens Kieselgur Liquid Powder, das mit Wasser angemischt und vernebelt wird - wie hinterher die Fußböden und Möbel aussehen, weiß ich allerdings nicht. Kieselgur kann man auch sparsam ins Fell reiben. Es tötet die Flöhe sofort, da der Silikatstaub den Chitin-Panzer der Flöhe austrocknet. Vorteil: Gegen Kieselgur können keine Resistenzen gebildet werden. Kritiker bemängeln leider, dass der feine Staub die Lunge der Hunde schädigen könnte.
- Gute Erfahrung mache ich mit einem **Umgebungsspray auf Silikonbasis** (Flee Spray). Es ist giftfrei und schützt das Umfeld für mehrere Wochen. Auf glatten Böden solltest du es wegen der erhöhten Rutschgefahr nicht anwenden.
- **Zedern-Holz** in der Wohnung
  soll mit seinem Duft nicht nur Motten, sondern auch Flöhe abhalten.

Energetische Maßnahmen

Der Vollständigkeit halber und völlig wertfrei möchte ich auch energetische und (quanten-) physikalische Angebote nennen:

- Eine Halskette aus ungeschliffenen, unpolierten **Bernsteinen** soll ein elektrisches Feld aufbauen sowie aromatische Terpene freisetzen und damit die Flöhe und Zecken fernhalten. Bis die Wirkung eintritt, vergehen zwei bis drei Wochen.
- **EM-Keramik-Ketten:** EM steht für

Effektive Mikroorganismen, die in Keramikröhrchen eingebrannt werden. Sie sollen dem Hund die Parasiten vom Leib halten.

- Mit **Bioresonanz energetisierte Tropfen, Karten oder Halsband-Anhänger** sollen mittels Schwingungs-Information vor den Lästlingen schützen.
- Interessant finde ich abschließend die viel publizierte Idee dieser **Flohfalle**: Man nehme einen tiefen Teller, fülle ihn mit Wasser und etwas Spülmittel und lasse eine Teelichtkerze drin schwimmen. Von der Wärme angelockt springen die Flöhe ins Wasser und ertrinken, weil das Spüli die Oberflächenspannung senkt. Für ein Experiment ganz witzig, aber ob man damit eine Flohplage in den Griff bekommt? Wie viele Teller muss ich aufstellen? Und bitte nicht die Brandgefahr vergessen - oder ist das der Trick? Wenn das Haus abgebrannt ist, sind auch die Flöhe weg. Ganz böser Witz...

Pharmazeutischer und chemischer Flohschutz

Der Tierarzt hat ein großes Regal voller Zaubermittel. Ganz modern ist die Pille gegen den Floh. Bravecto, Nexgard und Simparica werden von der Pharmaindustrie massiv beworben und infolgedessen von den Tierärzten vertrauensvoll jedem Tierhalter empfohlen. Gelegentlich sogar dem Halter des Flohbissallergikers - und da geht mir die Hutschnur hoch. Noch einmal: Nur ein Biss des blutsaugenden Insektes genügt dem Patienten für die Entstehung von unerträglichem, Tage oder Wochen dauerndem Juckreiz. Die Flohpille wirkt aber erst tödlich, wenn der Parasit gebissen und das vergiftete Blut gesaugt hat. Noch Fragen?

Wir brauchen also - wenn wir schon die chemische Lösung wählen - wieder repellierende Mittel. Hierfür gibt es sowohl Flohhalsbänder wie auch Spot-ons. Das Angebot ist riesengroß, doch es kommen nur wenige Produkte in Frage, wenn man genaue Vorstellungen dazu hat, was das Mittel bewirken soll. Wer die blutsaugenden Untermieter auf

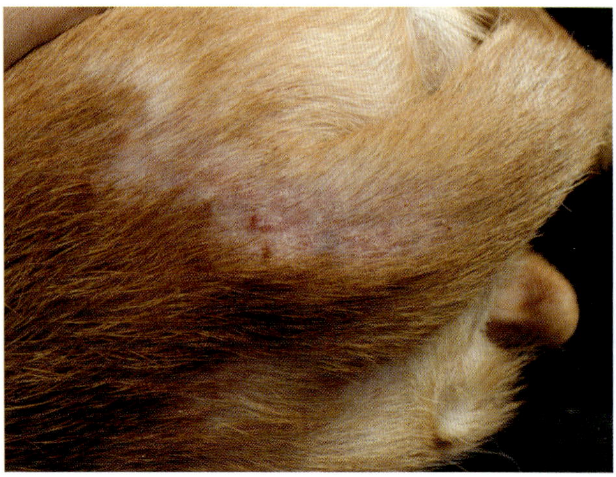

Läsionen am hinteren Rücken deuten auf Juckreiz durch Flohbisse hin.

diese Art bekämpfen will oder muss, der sollte zumindest wissen, welche der angebotenen Produkte am sinnvollsten sind.

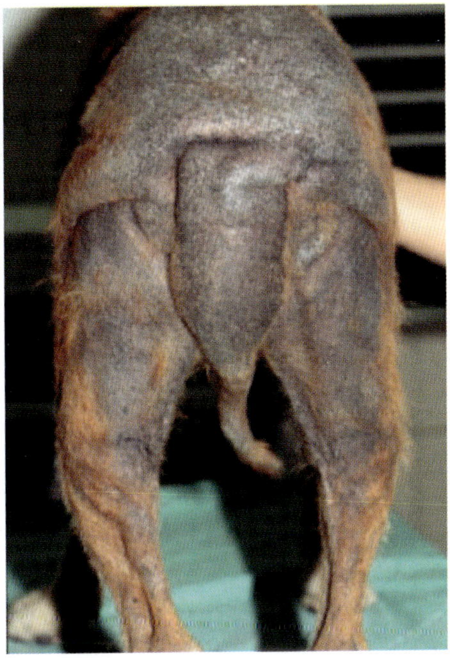

Eine nicht-behandelte Flohspeichelallergie kann zu tiefgreifenden Hautveränderungen führen.

Die repellierende Wirkung eines Mittels sorgt ja glücklicherweise dafür, dass ein Floh sich ein anderes Opfer sucht. Auf die Brut in der Umgebung hat das wenig Einfluss. Daher sollte man beim chemischen Flohschutz auf den larviziden Effekt achten, der generationenübergreifend aufräumt. Eine Kombination aus larvizider und repellierender Wirkung bieten verschiedene Spot-ons. Um die Gefahr von Unverträglichkeiten möglichst gering zu halten, empfehle ich Produkte mit nur einem Inhaltsstoff: Permethrin. Der Wirkstoff schützt nicht nur vor Flöhen, sondern gleichzeitig vor Zecken. Sind Katzen im Haus, Finger weg: Für diese ist Permethrin sehr giftig.

Flohschutz mittels Halsband

Auch hier haben wir ein breit gefächertes Angebot, und glaubt man den Herstellern, ist jedes Halsband (die Dinger kosten immerhin bis zu 40 Euro) nicht nur absolut wirksam, sondern auch völlig sicher und quasi ungiftig. Weder das eine noch das andere trifft bei den meisten Produkten zu - und beides zusammen bekommt man schon gar nicht. Also gilt auch hier, das geringste Übel zu finden.

Klar, Flöhe lassen sich nicht durch Verbotsschilder abhalten. Aber glaube bitte nicht, ein frei verkäufliches Ungezieferhalsband sei weniger toxisch als ein apothekenpflichtiges. Und sowieso - hör auf zu glauben, informiere dich. Bevor du deinem Hund ein Spot on oder Halsband antust, finde heraus, welche Wirkstoffe das Produkt enthält und wie diese wirken. Sei kritisch, übernehme Verantwortung. Und wenn dein Tierarzt oder der Zoohändler dir etwas verkaufen will, das dir Bauchschmerzen bereitet, dann sag einfach Nein.

Grundsätzlich sollte ein Flohhalsband einen repellierenden Effekt haben.

> Geeignete Wirkstoffe sind Permethrin (Achtung: höchst giftig für Katzen), Flumethrin und Deltamethrin.

Du findest die entsprechenden Information in den Produktbeschreibungen oder Beipackzetteln, die online abrufbar sind.
Leider sind die enthaltenen Substanzen durch die Bank alles andere als gesundheitsfördernd. Teilweise wird auch vor zu viel körperlichem Kontakt zu den Halsbandträgern abgeraten, was vor allem Kinder betrifft. Und wenn der Hund viel badet, lässt die Wirkung entsprechend nach.

> Der Vorteil: Wenn dein Hund eine Unverträglichkeit auf den Wirkstoff zeigt, nimmst du einfach das Halsband ab. Beim Spot-on ist das nicht möglich.

Spray / Vernebler / Fogger
Wenn die schon angesprochenen Umgebungs-Sprays mit natürlichen Wirkstoffen trotz aller zusätzlichen mechanischen Maßnahmen (Staubsaugen, Putzen...) doch mal versagen, ist das letzte Mittel der Einsatz eines Foggers. Hierbei handelt es sich um einen Vernebler, der in der Regel ein starkes Nervengift enthält. Ich kenne Fälle von extremsten Parasitenpopulationen in Haushalten, wo wirklich nichts anderes half. Wichtig ist aber: Die Sicherheitshinweise auf der Verpackung müssen unbedingt beachtet werden. Dem Anwender muss bewusst sein, dass er ein Nervengift im ganzen Raum bzw. Haus verteilt, und dieses ist nicht nur für Parasiten toxisch, sondern auch für Mensch und Haustier.

Immer sparsam mit der Chemiekeule
Der Vorteil der chemischen Produkte - ob Spot-on, Halsband, Spray oder Fogger - ist: Sie helfen meistens schnell und umfassend. Der Nachteil: Die Wirkstoffe sind nicht nur für die Flöhe giftig. Es heißt zwar immer, dass die empfohlene Dosierung dem Hund nicht schaden kann, aber in der Realität kommt es doch immer wieder zu unerwünschten Nebenwirkungen. Bei sensiblen Hunden kann schon die angeblich sichere und im Verhältnis zum Körpergewicht relativ geringe Wirkstoffmenge eines Spot-ons zu neurologischen Beschwerden führen. Koordinationsstörungen, Lähmungserscheinungen, unsicherer Gang sind die Folgen. Das Risiko erhöht sich naturgemäß mit der Häufigkeit der Anwendungen. Bekommt der Hund das Spot-on prophylaktisch alle paar Wochen, muss sich sein Organismus pausenlos mit dem Gift auseinandersetzen. Es gibt also gute Gründe, die Chemiekeule sparsam zu verwenden - auch wenn die alternative Vorgehensweise etwas aufwendiger und langwieriger ist.

Extra: Grasmilben

Juckreiz kann Dutzende von Gründen haben, unter anderem verschiedene Parasiten. Im Sommer und Herbst weit verbreitet sind Gras- oder Herbstgrasmilben, die unseren Hunden und Katzen (und sogar uns Menschen) sehr zusetzen können. Beim Thema Allergie nehmen sie eine Sonderstellung ein, da sie meist keine systemischen, sondern nur lokale Symptome verursachen.
Bei Grasmilben handelt es sich um spinnenähnliche Tiere, die sich - der Name sagt es schon - gerne im Grünen aufhalten. Ursprünglich waren sie nur in Südeuropa anzutreffen, inzwischen sind sie auch in Deutschland weit verbreitet. Die ausgewachsenen Tiere sind als Vegetarier unproblematisch. Mehr als lästig aber sind ihre Nachkommen, die Larven. Diese ernähren sich von Lymphe und anderen Gewebeflüssigkeiten. Der Spender ist ihnen dabei egal, sie nehmen, was oder wer vorbeikommt.
Mit ihren Mundwerkzeugen durchschneiden sie die äußeren Hautschichten, ihr Speichel daut das Körpergewebe an und macht es für sie genießbar. Bis zu drei Tage ernähren sie sich auf und von ihrem Wirt, bevor sie abfallen und zur erwachsenen Milbenform mutieren. Im Boden legen sie dann ihre Eier ab, aus denen die nächste Generation der Lästlinge schlüpft und auf vorbeikommende Opfer wartet.

Woher weiß man, ob der Rasen mit Grasmilben befallen ist?

Leg an einem sonnigen Tag ein weißes Papier aufs Gras - Milben springen drauf und sind dann mit bloßem Auge zu erkennen. Auch die rötlichen Larven auf dem Hund kann man sehen, so

klein sie auch sind. Im Zweifel den Hund auf weißen Untergrund stellen und die Beine mit dem Flohkamm abkämmen. Starker Milbenbefall am Hund ist gut an den orangefarbenen Placken festzustellen.
Manche Tiere und Menschen reagieren kaum auf den Befall, doch bei vielen entwickelt sich übelster Juckreiz. Die Biss-Stellen entzünden sich, es kommt zu lokalen allergischen Reaktionen.
Um den Hund zu schützen, kann man es mit einem biologischen Spray auf Basis ätherischer Öle versuchen. In der Umgebung ist keine sinnvolle Bekämpfung möglich. Um die Plage im eigenen Garten gering zu halten, sollte man den Rasen häufig kurz schneiden, denn die Milben warten auf den Grasspitzen auf Wirte. Empfindliche Tiere und Menschen sind gut beraten, in der Milbensaison Grasflächen zu meiden.
Fängt der Hund nach dem Spaziergang an, sich manisch an den Pfoten oder an den unbehaarten Stellen im Bereich von Bauch und Brust zu knabbern, gibt es einige einfache Maßnahmen. Am schnellsten hilft es, die Larven abzuwaschen.

Empfehlenswert ist ein Badezusatz aus Apfelessig (1 : 5 mischen) oder Kernseife. Anschließend mit klarem Wasser nachspülen, trocknen und die Entzündungen mit verdünnter Calendula-Tinktur behandeln. Auch die lokale Behandlung mit Quark bringt schnelle Linderung (und schmeckt dem Hund).

AdobeStock: andriano_cz, Alexandr

AdobeStock: Mila, DoraZett

11. Verhalten

Nicht nur kritische Tiermediziner vermuten, dass durch Allergien neben den körperlichen Beschwerden auch Verhaltensstörungen auftreten können. Ich persönlich habe viel über diese These nachgedacht und einiges spricht dafür. Das Verhalten mancher meiner Patienten änderte sich nach einer Ernährungsumstellung deutlich. Auch von Kindern hört man ja immer wieder, dass sich Syndrome wie ADHS alleine durch das Weglassen von Milch, Zucker oder Weißmehl deutlich bessern. Also, warum soll bei Hunden nicht auch die Nahrung für Gemütsprobleme verantwortlich sein?

Nicht zu unterschätzen ist andererseits die Belastung durch egal welche Allergie-Beschwerden, ob Juckreiz oder Magen-Darm-Symptome. Wenn dieses Leiden über Tage, Wochen, Monate oder gar jahrelang anhält, darf man sich über ein reduziertes Allgemeinbefinden nicht wundern. Das ist zwar nicht gleich als Verhaltensproblem zu bezeichnen, aber der kranke Hund geht nicht mit seinem normalen Temperament durch den Tag. Manche Allergiker werden aggressiv, andere wirken depressiv. Manchmal fällt dieses traurige Dasein erst nachträglich auf, wenn es dem Tier besser geht, es wieder aus sich herauskommt, wenn die Lebensfreude zurückkehrt.

Kommt der Hund unter quälendem Juckreiz nicht zur Ruhe, darf das nicht als Verhaltensauffälligkeit verstanden werden.

Wenn mich „der Pelz juckt", kann ich auch nicht stillsitzen. Ich beobachte zudem bei Tieren mit langjährigem Leiden, dass sie irgendwann beginnen, jede Gefühlsregung durch Kratzen auszudrücken. Ungeduld? Hund kratzt sich. Unsicherheit? Hund benagt sich. Langeweile? Hund knabbert an den Pfoten. Viele Besitzer berichten, dass sich ihr Hund am stärksten kratzt, wenn er sich aufregt oder freut. Das kann zu dem Trugschluss führen, dass ihre Fellnase „nur" ein seelisches Problem hat, dass dem Hund eigentlich nichts fehlt.
Das aber ist unwahrscheinlich – die meisten Hunde, die sich zwanghaft kratzen und beknabbern, haben keinen Erziehungsmangel, sondern tatsächlich Juckreiz. Nachdem die Allergiesymptomatik behoben ist, dauert es unter Umständen noch eine lange Zeit, bis Bello derartige Ersatzhandlungen aus seinem Repertoire streicht.

Welpen zeigen häufig Kratzen als Geste von Unsicherheit oder Verlegenheit.

AdobeStock: Grigory Bruev

12. Allergien-Ursachen und Vorbeugung

Kollektives Kopfzerbrechen herrscht weltweit bei der Überlegung, warum in den Industriestaaten bei Mensch und Tier die allergischen Erkrankungen seit Jahrzehnten zunehmen. Denn wer die Ursache kennt, kann diese vielleicht verhindern, kann vorbeugen, und sicherlich würden Antworten auf die Frage zur Entstehung der Malaise auch Hinweise zu neuen Heilmitteln liefern. Leider sind die Hintergründe weiterhin schleierhaft. Man weiß im Grunde nur, dass das Immunsystem falsch tickt. Aber warum?

Arbeitsloses Immunsystem

Viel diskutiert wird die Theorie des unterforderten Immunsystems. Diese erscheint mir schlüssig, besonders, da sie - wenn auch nicht messbar - ansatzweise beweisbar ist.
Zum Immunsystem schrieb ich eingangs: „Die unspezifische Immunabwehr bekommt der Welpe schon vom Muttertier mit, und gleich nach der Geburt trainiert er die spezifische Abwehr." In den ersten Lebenswochen bauen sich nach und nach die schüt-

zenden maternalen Antikörper ab. Diese hat das Baby durch die Plazenta und durch die erste Muttermilch (Biestmilch, Kolostrum) erhalten, und sie verschaffen ihm eine vorübergehende passive Immunität, die einige Tage bis Wochen anhält. Solange sich der Welpe noch im Nest aufhält, ist die Belastung durch Krankheitserreger einigermaßen übersichtlich. Mit steigendem Lebensalter vergrößert das Tierchen sein Revier. Erst wenige Wochen alt, krabbelt es aus der Höhle. Nur wenig später spielt es sich durch die nähere Umgebung und erobert jeden Tag mehr Terrain, trifft bald Artgenossen und andere Tierarten. Mit jeder Erweiterung seines Wirkungskreises mehrt sich der Kontakt mit Krankheitserregern und Umweltbelastungen. Gleichzeitig verringert sich Tag für Tag der Schutz durch die maternalen Antikörper, was bedeutet, dass die eigene Abwehr den Job Stück für Stück übernehmen muss. Für das Immunsystem ist dies eine enorm wichtige Phase - ständig wird es mit Umwelteinflüssen, darunter potenziellen Krankheitserregern und Parasiten konfrontiert, muss Freunde und Feinde unterscheiden lernen, letztere eliminieren und sich gut im Gedächtnis einprägen.
So ist es in der Natur.

Doch wie sieht das Szenario heutzutage aus, bei einem umsorgten und gehegten Hundchen im zentralgeheizten Raum?

Gleich nach der Geburt wird die Nabelschnur hygienisch versorgt. Die beschmutzten Handtücher, auf denen der Welpe das Licht der Welt erblickte, werden gegen frische, saubere gewechselt. Bevor der Kleine die ersten Krabbelrunden dreht, wird der Fußboden sorgfältig mit einem bakteriziden Reiniger geschrubbt. Kommen Freunde oder Interessenten zu Besuch, mögen sie sich bitte die Schuhe ausziehen und die Hände waschen, bevor sie sich der jungen Hundefamilie nähern.
Damit sich unter gar keinen Umständen Parasiten in dem kleinen Wonneproppen breitmachen können, wird nach Plan entwurmt. Die Empfehlungen für Welpen gehen bis hin zu 14-tägigen Abständen. Natürlich wurde das Muttertier kurz vor dem Werfen ebenfalls gegen Darmparasiten behandelt, und selbstverständlich äußerlich gegen Flöhe eingesprüht.
Auch geimpft wird der Kleine schon bald. Da eine Schutzwirkung nicht eintritt, wenn noch maternale Antikörper vorhanden sind, gibt man sicherheitshalber die Welpenimpfungen oft und in kurzen Abständen. Anstatt den Titer zu messen, der die Stärke des noch vorhandenen Schutzes anzeigt, wird lieber häufiger geimpft - in der 8., der 12., der 16. Woche und mit sechs Monaten.

> **Jede Impfung (und ganz besonders Mehrfachimpfungen!) ist eine schwere Prüfung fürs Immunsystem und belastet den Organismus mit Hilfsstoffen wie Quecksilber- oder Aluminiumverbindungen.**

Bekommt der Hundenachwuchs trotz aller Vorkehrungen doch einmal einen Durchfall oder einen anderen Infekt:

Kein Problem. Es gibt ja das wirkungsvolle Breitbandantibiotikum, das von Welpen hervorragend vertragen wird, damit kriegen wir den Kleinen schon über den Damm.
Auch die Fütterung ist optimiert. Im Zuge der Entwöhnung von der Muttermilch gibt es Fertigfutter mit geringer Keimzahl und einem hohen Gehalt an künstlichen Vitaminen, speziell für die Bedürfnisse der Welpen kreiert, denn die können ja nicht irgendetwas fressen, womöglich schnödes, naturbelassenes, gar rohes Fleisch. (Trockenfutter mit verfremdeten und künstlichen Inhaltsstoffen soll der kleine Darm aber schlucken...)
Derart behütet in dieser sterilen Umgebung kann der Kleine vor Krankheiten geschützt und sicher aufwachsen, glaubt man. Das Problem ist aber, dass die Natur ihm ein Immunsystem mitgegeben hat, das stärker und leistungswilliger wird, je mehr der mütterliche Infektionsschutz abgebaut wird. Nur: Wo soll das Immunsystem mit seiner Energie hin? Woher bekommt es Trainingsmaterial? Kein Bakterium in der Luft, kein Würmchen in der Umgebung, beim leisesten Verdacht auf eine Gesundheitsstörung sofort unterdrückende Medikamente...
Ist vielleicht die logische Folge, dass der Körper neue Feinde erfindet, um dem Immunsystem „Butter bei die Fische" zu geben? Die Zahl der Allergiefälle spricht für sich, Autoimmunerkrankungen nehmen zu - auch hier tickt das Immunsystem falsch.

Viel Kontakt zur Natur ist wichtig für das Training des Immunsystems.

Soweit die Theorie. **Wie aber soll die Idee der unterforderten Immunabwehr bewiesen werden?** Vielleicht überzeugt die Beobachtung aus der Humanmedizin, dass Allergien in der Dritten Welt quasi unbekannt sind. Dort, wo die Menschen wenig vor Keimen geschützt sind, wo nicht täglich mit antibakteriellen Reinigern gewienert wird, wo Medikamente seltenes Luxusgut sind - da muss ein Immunsystem noch richtig zupacken können. (Es soll jetzt keine Sozialromantik aufkommen - ich bin mir bewusst, dass die hygienischen Bedingungen in den Ländern der „Dritten Welt" absolut unzureichend und besonders Kinder stark in ihrer Gesundheit gefährdet sind. Es geht hier nur um mögliche Ursachen für Allergien.)

Nachvollziehbar finde ich auch die schon öfter publizierte Feststellung, dass Landkinder - an vorderster Stelle die auf Bauernhöfen aufgewachsenen - viel seltener unter Allergien leiden als Kinder in der Großstadt. Dass Dreck offensichtlich gesund hält, wurde bereits in mehr als einem Dutzend Studien belegt. Wie der Allergieschutz konkret entsteht, wird erst nach und nach klar. So soll die intensive Konfrontation mit bakteriellen Antigenen, wie sie gehäuft in Ställen aufzufinden sind, die für die Immunabwehr zuständigen Zellen stimulieren. Neuere Untersuchungen lassen darauf schließen, dass die in der Stallluft omnipräsenten Bakterien-Bestandteile quasi das Immunsystem vor einer Über- oder Fehlreaktion auf harmlose Partikel schützen.

Was heißt das jetzt für den Züchter und seine Welpen? Zurück zur Natur, würde ich vorschlagen. Anstatt die

Zwerge im warmen Zimmer unter künstlichen Bedingungen zu verhätscheln, sollten sie so früh wie möglich zum Spielen und Toben raus an die frische Luft. Wohl dem der einen Garten sein Eigen nennt!

Die Welpenhygiene überlässt man besser komplett der Hundemama. Auch sollte sie so lange wie möglich den Wurf stillen, und wenn Zusatznahrung notwendig ist, ist naturbelassene Kost die beste Wahl.

Aber was macht man, wenn eine medizinische Behandlung notwendig wird? Gerade Welpen neigen zu Durchfällen, zum Beispiel bei der Umstellung der Fütterung von Muttermilch auf feste Nahrung. Auch sind sie bei vielen Infektionserkrankungen stärker bedroht als erwachsene Hunde.

Züchter wie auch Tierärzte gehen auf die scheinbare Nummer Sicher und verabreichen frühzeitig Antibiotika und Spasmolytika. Über die Folgen der Antibiose für die Darmflora denkt dabei lieber niemand nach. Schon die Diarrhoe stört das Gleichgewicht der Bakterienkulturen. Kommt dann noch ein Antibiotikum dazu, kann es brenzlig werden

und die Barrierefunktion des Darms schwächeln.
Nun ist gerade bei Welpen die Gefahr der Austrocknung hoch, weswegen der Allgemeinzustand im Falle eines Durchfalles gut beobachtet werden muss. Junge Hunde sprechen aber auf Homöopathie und Kräutermedizin gut an. Es ist günstig, wenn der Tierarzt des Vertrauens mit diesen Mitteln arbeitet und nicht sofort die antibiotische Bombe zündet. Eine Infusion mit Flüssigkeit und Elektrolyten lässt sich selbstverständlich nicht durch Homöopathie ersetzen - beides ergänzt sich aber sehr gut. Durchfälle sind gelegentlich auch nach Impfungen zu beobachten, in diesem Moment zeigen sie die Überforderung des Immunsystems deutlich an.
Ich bin dafür, Welpen zu grundimmunisieren - zu häufig habe ich gesehen, wie junge Hunde an Parvovirose elendig eingegangen sind. Man darf dennoch nicht panisch werden und grundlos in der 6. Lebenswoche anfangen zu impfen. Mit großer Wahrscheinlichkeit ist der Welpe in diesem Alter noch hervorragend durch die Antikörper der Mutter geschützt. Wann die Erst-Impfung sinnvoll ist, lässt sich am besten vorher durch Titermessungen feststellen, das kann jeder Tierarzt. Es reicht, einen einzigen Welpen aus dem Wurf zu testen. Erst wenn der Spiegel der maternalen Antikörper niedrig genug ist, macht die Immunisierung mit der Spritze Sinn. Und dann muss sie sogar nur einmal wiederholt werden.
Bleibt das Parasitenproblem. Grundsätzlich ist eine leichte Verwurmung kein Problem für Hunde, auch für Welpen nicht. Ein gesundes Immunsystem kontrolliert den Befall. Leider hat es sich eingebürgert, in kurzen Abständen prophylaktisch Antiparasitika zu geben. Es könnte ja sein, dass... Lass besser eine Kotprobe beim Tierarzt oder in einem Labor untersuchen (du kannst die Probe selbst an das Labor schicken) und nur bei nachgewiesenem Parasitenbefall eine Wurmkur verabreichen. Um die Notwendigkeit, also die Verwurmung zu verhindern, empfehle ich, den Darm entsprechend zu stärken und das Terrain wurmwidrig zu gestalten.

Vererbung

Jetzt wissen wir also, wie man ein leistungsfähiges Immunsystem unterstützt. Aber was ist mit der genetischen Veranlagung? Wie soll man da vorbeugen? Erbkrankheiten breiten sich in einer Rasse am erfolgreichsten aus, wenn mit einem relativ kleinen Genpool unverhältnismäßig viel Nachwuchs erzeugt wird, was zu Inzucht führt. Deswegen sind so viele (Ex-)Mode-Rassen mit diversen vererbbaren Leiden gestraft. Ich will jetzt keine Rasse und ihre menschlichen Liebhaber verdammen, aber ich halte es für wichtig, dass man bei der Auswahl des Hundes weiß, was man tut. Es gibt eine Reihe von Hunderassen, die für ihre Allergiebereitschaft bekannt sind.

Du findest sie ab Seite 26 bei der Beschreibung der Allergiearten.

Wer an einem Welpen einer dieser Rassen interessiert ist, sollte unbedingt den Züchter fragen, ob in der Hundefamilie bisher Allergien aufgetreten sind.

Und dann ist zu hoffen, dass dieser ehrlich antwortet.
Denn die Zuchtvereine sehen sich derzeit nicht in der Lage, gezielt Hunde aufgrund einer möglichen Allergie-Vererbung von der Zucht auszuschließen und damit langfristig die Rassen von diesem Damoklesschwert zu befreien. Das Problem ist die fehlende Beweisbarkeit. Für andere Erbkrankheiten wie Hüftdysplasie, Katarakt oder Patellaluxation gibt es Untersuchungsmöglichkeiten und klar definierte Normen, deren Abweichung einen Zuchtausschluss bedeutet. Für andere vererbbare Leiden existieren Gentests. Für allergische Erkrankungen hat bisher kein Verein ein Schema formuliert, nach dem eine Zuchtzulassung gewährt oder verweigert werden könnte. Ein Gentest bleibt Theorie, wie Fachtierärztin für Dermatologie Dr. Regina Wagner vom Labor Laboklin erklärt: „Es wird zwar viel geforscht auf dem Sektor, aber da es sich bei Allergie nicht um eine einzelne Genmutation handelt, sondern sehr viele genetische Komponenten beteiligt sind, und das noch dazu rasse- und speziesspezifisch unterschiedlich, wird in naher Zukunft sicherlich kein Gentest für Allergie vorhanden sein."
So kann man sich nur auf die allgemein gültige Forderung in den Zuchtordnungen berufen, die so oder ähnlich lautet: „Es darf nur mit gesunden, verhaltenssicheren Hunden gezüchtet werden..."

Die Verantwortung liegt damit bei den Züchtern selbst - und bei den Menschen, die einen Welpen suchen.

Disposition heißt nicht, dass der Hund auf jeden Fall das Leiden entwickelt. Aber die Chance dafür ist deutlich größer als bei einem Hund einer Rasse ohne Erblast. Es braucht nur die richtigen Auslöser in der entsprechenden Menge. Erinnere dich an die Schwellentheorie. Die Toleranzschwelle dürfte bei einem Hund mit dem Rasse-Gen-Makel deutlich niedriger sein als bei einem Mitglied einer unverdächtigen Rasse.
Im Umkehrschluss heißt das: Wer ein Tier aus der Verdachtsliste hat, sollte vermehrt darauf achten, mit welchen und wie vielen potenziellen Allergiefaktoren es belastet wird. Fütterung, Wohnumfeld, Stress, medikamentöse Prophylaxe-Maßnahmen, medizinische Versorgung, Umweltgifte - der Besitzer eines Hundes mit möglicher Allergiebereitschaft muss all dies weit mehr im Blick haben als der eines unverdächtigen Vierbeiners.
Nur noch einmal zur Klarstellung: Es gibt selbstverständlich auch Allergiker aus anderen Rassen. Nur tritt die Krankheit dort nicht so gehäuft auf. Das kann sich leider jederzeit ändern - am sichersten, wenn der Hund aus welchem Grund auch immer in Mode kommt.

AdobeStock: Jesse

13. Fütterung als Ursache

Dass vor allem die Fütterung von Industrieerzeugnissen der Allergie einen frühen Nährboden gibt, ist nicht meine Erfindung. Klar - es gibt kaum noch denkende Menschen, die abstreiten, dass die Ernährung in engstem Zusammenhang mit der Gesundheit steht, und zwar mit der körperlichen und der geistigen. Das ist beim Menschen so, und wo ist der Punkt, dass es beim Tier anders sein sollte?

Aber das ist bis hierher nur eine Behauptung. Und verlässliche Statistiken zur Untermauerung dieser sind mir bisher nicht untergekommen. Aber es gibt eine Studie, und zwar aus dem Jahr 2007.

Im internationalen Fachblatt „Veterinary Dermatology" veröffentlichten schwedische Forscher um Ane Nødtvedt das Ergebnis einer Untersuchung zu Risikofaktoren für die Erkrankung an einer Umweltallergie. Die wichtigste Feststellung war, welche tragende Rolle die Ernährung der säugenden Hündin spielt. Bekam sie nicht-kommerzielles, also selbst zubereitetes Futter, hatten ihre Welpen ein um die Hälfte verrin-

gertes Risiko, später an einer atopischen Dermatitis zu erkranken. Andersrum: Doppelt so viele Säuger der mit Dosen- oder Trockenfutter ernährten Mutterhündinnen erkrankten später an einer Umweltallergie.
Nun war dies eine relativ kleine Studie mit 58 Fällen (wobei der Aufwand für eine Untersuchung an Hunden aus dem echten Leben, nicht an Versuchshunden in klinischen Testanstalten, enorm groß ist), und es ist klar, dass zur Verifizierung der Ergebnisse weiter geforscht werden muss. Nur - wer soll das bezahlen? Die Futtermittelindustrie? Kleiner Scherz am Rande...
In Finnland aber gibt es ein Langzeitprojekt, das interessante Schlüsse zulässt. Seit 2009 beantworten dort Hundehalter einen Fragebogen zur Fütterung und Gesundheit ihrer Hunde, und immer wieder können Forschende aus den bis heute mehr als 12000 Datensätzen Regelmäßigkeiten abstrahieren. So auch zur atopischen Dermatitis.
Ein Wissenschaftlerteam um Hemida veröffentlichte 2021 eine Studie zu Fütterungsarten von über drei Jahre alten Hunden mit und ohne Atopie.
Ergebnis: Bekamen die Hunde als Welpen oder Jungtiere rohen Pansen und andere Innereien, Reste von ausgewogenen Mahlzeiten für Menschen und (selten) Fischöl, verringerte das deutlich ihr Risiko, später an der Umweltallergie zu erkranken. Man erklärt das mit der positiven Wirkung der Lebensmittel auf das Darm-Mikrobiom. Eine höhere Erkrankungsrate zeigten dagegen Hunde, je mehr sie im Wachstum fruktosereiches Obst, Ölmischungen oder getrocknete Teile von Schlachttieren (Kauartikel) verzehrten. Auch das Trinken aus Regenwasserpfützen wurde als Negativ-Faktor bewertet, vermutlich aufgrund der Kontamination mit Krankheitserregern, Insektiziden und Pestiziden.
Mit allem, was ich dir bis hierhin schon im Zusammenhang mit der Fütterung serviert habe, ergibt sich langsam ein rundes Bild, oder?

> **Pass auf, was du in deinen Hund steckst. Und wenn du einen Welpen suchst - achte darauf, wie der Züchter mit seinen Tieren umgeht, auch und vor allem was die Ernährung angeht. Hund ist, was er frisst.**

Orale Toleranz

Bei der Fütterung von Absatz-Welpen werden nach wie vor die größten Fehler gemacht. Die Rolle der oralen Toleranz ist bei Züchtern und Welpenhaltern noch zu wenig bekannt. Und so passiert es, dass aus Unwissenheit schon zu Beginn des jungen Hundelebens Darm und Immunsystem Schäden davontragen, die früher oder später zu Erkrankungen wie Allergien oder chronischen Darmentzündungen führen können.
Denn das kindliche Immunsystem muss sich auf eine hohe Variabilität von Lebensmitteln erst einstellen. Darm und Mikrobiom des Welpen kennen in den ersten Lebenswochen nur die nährstoffreiche Muttermilch. Die eigene Verdauungsleistung lernt das Hundekind erst mit Beginn der Zufütterung. In der Natur funktioniert das so: Die Wölfin erbricht vorverdautes Futter ihrer

letzten Mahlzeit. Darin sind aber nicht gleichzeitig vier Fleischsorten, drei Gemüse, schwerverdauliche Faserstoffe und diverse Zusatzstoffe enthalten. Die Wolfskinder bekommen heute etwas Hasenbrei und morgen vielleicht mal Stückchen vom Reh. Ihre Darmbakterien können sich nach und nach auf eine größere Auswahl an Nahrungsmitteln einstellen und die orale Toleranz darauf entwickeln. Die besagt, dass Nahrungsmittel willkommen sind und verdaut werden und dass Unverträgliches, Giftiges oder auch nur Verdächtiges eliminiert und vor die Tür geschafft wird. Die Fütterung des Welpen mit hochverarbeitetem Industriefutter, das aus zu vielen Komponenten besteht, die zu stark verfremdet wurden, dürfte einer der Gründe für die wachsende Zahl der vierbeinigen Futtermittelallergiker sein.

Andere Allergie-Faktoren

Auch ohne familiäre Vorbelastung kann prinzipiell jedes Tier (wie auch jeder Mensch) eine Allergie entwickeln. Es gibt Umstände, die dieses begünstigen. Über Stress haben wir ja schon gesprochen, allerdings nicht im Zusammenhang mit Welpen. Nun schauen wir uns mal an, wie für den Junghund der erste große Schritt ins Leben aussieht, nämlich der Besitzerwechsel. Von jetzt auf gleich wird der Zwerg von fremden Menschen in ein bis dato unbekanntes, lärmendes Objekt (Auto) gesetzt. Ohne Mutter und Geschwister kommt er nach einer bedrohlich anmutenden Reise in eine neue Umgebung; einem lauten Empfang durch neugierige Familienmitglieder folgt eine einsame Nacht. Sehr gerne schließt sich am nächsten Tag ein anstrengender Besuch beim Tierarzt an, die neuen Hundeeltern wollen ja sichergehen, dass der Nachwuchs gesund ist, und es ist eh Zeit für die zweite oder dritte (!) Impfung, und wo wir gerade da sind, eine Wurmkur kann ebenfalls nicht schaden. Gedankenlose Hundekäufer setzen dem Kleinen dann auch noch ein komplett neues Futter vor, auf das seine Darmflora kein bisschen vorbereitet war. Wenn der Kleine auf all den Stress und die Aufregung mit Durchfall kontert, reagieren die meisten Besitzer mit dem nächsten Tierarztbesuch, der selten ohne eine vorsorgliche antibiotische Behandlung vonstattengeht.
Muss ich weiter ins Detail gehen? Man kann nur hoffen, dass nicht in diesem Moment schon die Toleranzschwelle überschritten wurde.

Die Futterqualität im Fokus
Alle bisher genannten (möglichen) Ursachen begünstigen jede Art von Allergie. Bei der alimentären Überempfindlichkeit kommen noch unmittelbar die Futterkonsistenz, Qualität und die Verarbeitung der Inhaltsstoffe hinzu.
In einem Trockenfutter sind die Inhaltsstoffe nicht immer als Lebensmittel zu identifizieren. Oder anders gesagt: Die Ingredienzien sind überhaupt nicht erkennbar. Bei vielen Säcken möchte man das auch nicht, denn sonst fände man in dem Teil „Fleisch und tierische Nebenerzeugnisse" neben Abfällen aus Küchen und Fischverarbeitungsbetrieben auch Schlachtabfälle, unter anderem Hufe, Hörner, Häute, Federn, Schweineborsten und -schwarten. Das alles ist laut Gesetz für Hundefutter geeignet. Da ein vernünftiger Hund vieles davon eher nicht fressen würde,

wird es gemahlen und püriert und dann im Sterilisator bei einem Druck von 3 bar mindestens 20 Minuten lang bei 133 Grad gekocht. Danach muss der Brei stundenlang getrocknet werden, bevor daraus die Futterpellets gepresst werden. Durch Vitamin- und Mineralzusätze wird aus dem Abfallbrei eine „gesunde Hundevollnahrung". Und damit diese schmeckt, besprüht man das Zeug mit Aromen. Nicht zu vergessen - Herrchens Auge isst mit. Also schnell noch einige Farbstoffe rein gerührt. Oder vier Prozent Erbsen für die grünen Stückchen in den angeblichen Gemüseanteil.
So mancher Hundedarm beurteilt das in seinem Napf landende Ergebnis als un(v)erträglich und unverdaulich. Das hat bei ihm aber keine psychosomatischen, sondern handfeste biologisch-chemische Ursachen.
Normalerweise werden die Eiweiße aus der Nahrung im Magen gespalten und dann durch die Verdauungsenzyme der Bauchspeicheldrüse im Dünndarm resorbierbar gemacht (das war jetzt die kürzest mögliche Erklärung für die Eiweißverdauung). Bei Störungen, vor allem durch minderwertiges Futter, aber auch durch Infektionen, Stress oder Parasiten funktioniert die Eiweißverdauung nicht genügend und es bleiben zu große Nahrungsmoleküle übrig. Ist dann noch die Darmwand zu durchlässig (Leaky Gut), können diese Teilchen ins Körperinnere geraten und dort die Abwehrarmee in Gang setzen. Es kommt zur Immunreaktion, zur Über- oder Fehlreaktion des Immunsystems.
Noch vergrößert wird die Gefahr der allergischen Reaktion, wenn die Diät zu viele Antigene enthält, also viele verschiedene, womöglich denaturierte Inhaltsstoffe, wie es beim Industriefutter der Fall ist.

Selbstverständlich ist jeder Zusatzstoff, ob dem Fertigfutter für die Optimierung von Aussehen, Konsistenz, Haltbarkeit oder Geschmack beigemengt, ein weiterer Risikofaktor.

Die Summe aller Sünden legt dann irgendwann im Hundekörper den Schalter um. Die Schwelle ist überschritten. Der Hund wird krank.
Mancher Hund erträgt diese Art der Ernährung sein Leben lang. Aber die Zahl der Hunde mit vermutlich fütterungsbedingten Erkrankungen steigt. Kritische Tiermediziner sehen nicht nur bei Futtermittelallergien, sondern auch bei vielen anderen Leiden eine Hauptursa-

che in der modernen Fütterung mit Fertignahrung zu Discountpreisen.
Was die Prävention angeht, braucht es eigentlich nicht mehr viele Worte.

Sicher fragt sich mancher jetzt, wie denn die optimale, die gesunde Hundeernährung aussieht, mit der man Allergien und anderen Erkrankungen vorbeugen kann. Wie bei der menschlichen Ernährung gibt es dazu nicht nur eine einzige Wahrheit. Vom Barf-Trend habe ich schon erzählt, diese Fütterungsform gibt es in verschiedenen Ausführungen. Und ewig währt der Streit, ob nun unser Haushund noch ernährt werden muss, wie sein wölfischer Vorfahr, oder ob sich seine Ansprüche nach mindestens 15.000 Jahren in menschlicher Gesellschaft doch verändert haben. Kann er nun Getreide-Kohlenhydrate verdauen oder nicht, und wenn ja - braucht er sie eigentlich? Muss das Fleisch roh sein? Darf man zum Fleisch Gemüse geben, oder muss das Grüne in einer Extra-Mahlzeit serviert werden, um die Verdauungssäfte nicht zu überfordern? Und überhaupt - gibt es nicht auch gekaufte Fertigfutter, die den Ansprüchen des Hundes genügen? Es wird Schimpf und Schande über mich hinab gießen von der Barf-Gläubigergemeinschaft, aber trotzdem: Nach dem Motto „Besser gut gekauft als schlecht gekocht" sage ich:

Ja, es gibt **akzeptable Fertigfutter.** Sie sind recht einfach zu identifizieren:

- naturbelassene Inhaltsstoffe, also Fleisch statt Fleischmehl oder tierische Nebenerzeugnisse
- eine offene Deklaration führt bis ins Detail auf, welche Tiere verarbeitet wurden und welche Teile (Muskelfleisch, Leber, Schwarte etc.)
- kein oder wenig Getreide (Weizen, Mais, Reis)
- Gemüse wird namentlich benannt, keine pflanzlichen Nebenerzeugnisse
- nicht zu viele verschiedene Komponenten - wenn 6 Gemüse- und 8 Kräutersorten enthalten sind, ist wieder zu viel Unterschiedliches zu verarbeiten
- kalt gepresstes Futter ist dem extrudierten vorzuziehen
- am besten ist aber ein Nassfutter mit überschaubaren, möglichst naturnahen Inhaltsstoffen
- im Idealfall sind die Inhaltsstoffe aus biologischer Produktion und somit besonders arm an Rückständen jeglicher Art.

AdobeStock: NVB Stocker, Dusan

Gut sind Komplettfutter mit Singleproteinen (Fleisch nur von einer Tierart) und einem angemessenen Gemüseanteil. Wenn möglich, sollten insgesamt verschiedene Fleischsorten gefüttert werden, da sie Vitamine, Mineralien und sonstige Nährstoffe in unterschiedlichen Zusammensetzungen enthalten. Es ist aber besser, alle paar Tage die Sorten zu wechseln, als alles in einen Topf zu mixen. Also zum Beispiel heute Rind, morgen Wild, übermorgen Fisch... Und wer zum Barfen neigt, sich aber noch nicht richtig traut, kann auch mit Teilbarfen anfangen, bis er sich in die Materie eingearbeitet hat.
Tiefer will ich hier nicht ins Detail gehen, denn dies ist kein Futterberatungsbuch. Zu dem Thema gibt es gute Literatur, informative Webseiten und seriöse Futterberater.

Fazit zu Ursachen und Vorbeugung

Die Möglichkeiten, den Hund vor einer Allergie zu schützen, sind gering - aber es gibt sie. Was du nicht bekommst, sind Garantien. Trotzdem lohnt es, sich mit der Materie auseinanderzusetzen. Ich bin mir sicher, dass allein das Wissen um die möglichen Ursachen Hundehalter sensibilisiert und so Haltungsfehler vermieden werden, die zu Allergien führen oder den Behandlungserfolg behindern können.
Auf ein Thema möchte ich abschließend noch einmal zu sprechen kommen, und zwar auf den Allergieauslöser Stress. Ich erlebe immer wieder, dass sich Hundebesitzer unter Druck setzen, weil sie alles besser als gut machen möchten. Heutzutage gibt es unzählige Theorien zur richtigen Ernährung, artgerechten Haltung und hundegerechten Erziehung. Jeder vertritt eine andere Meinung darüber, was gut für den Vierbeiner ist. Und weniger als perfekt macht es sowieso keiner.
Mein Rat: Leute, entspannt euch. Lasst eure Hunde einfach Hunde sein. Das sind natürliche Wesen, die gar nicht so hohe Ansprüche stellen, wie wir in sie hineininterpretieren. Schon gar nicht wollen sie den ganzen Tag bespaßt und verhätschelt werden, und ihre Gesundheit ist im Normalfall bestimmt nicht so fragil, wie man beim Stöbern im Internet unweigerlich befürchten muss.
Kommt runter von zu hohen Erwartungen an die Vierbeiner und an euch selbst. Je mehr ihr euch unter Druck setzt, desto mehr Stress übertragt ihr an euren Vierbeiner. Und damit beginnt so manches Problem erst! Deswegen: Versuch einfach mal, ganz entspannt im Hier und Jetzt, ohne viel Tamtam und Buhei, die Gesellschaft deines vierbeinigen Lieblings zu genießen. Tu das Beste für ihn - solange du das mit einem Lächeln im Gesicht gewuppt kriegst. Wenn deine Gesichtszüge sich verspannen, machst du irgendwas falsch.

Bodo, wie er leibt und lebt.

14. Nachwort

Als mein Bodo noch „praktizierender Allergiker" war, führte er ein normales Leben, solange ich ihm die Nahrung gab, die sein Immunsystem für akzeptabel hielt. Ich optimierte seine Ernährung durch sinnvolle Zusätze und versuchte alles, damit sein Immunsystem zur Ruhe kommen konnte. Lange Zeit ging ich davon aus, dass diese Vorsicht sein Leben lang notwendig bleiben würde. Eines Tages fiel mir beim Tranchieren eines Entenbratens ein Stückchen Fleisch herunter – und Bodo war am schnellsten. Au weia… Ich wusste, dass er auf Ente heftig reagiert, und stellte schon mal seine homöopathische Bremse bereit. Aber: Nichts passierte. Keine Rötung, kein Juckreiz, keine stinkenden Ohren. Nicht nach zwei Stunden, und auch nicht nach einem Tag. Sehr seltsam. Ich nahm all meinen Mut zusammen und gab ihm am nächsten Tag vorsätzlich ein weiteres Stück von dem leckeren Braten. Er war begeistert und blieb symptomlos.

In den folgenden Monaten, ja, Jahren, testete ich sehr vorsichtig weitere Proteinträger. Bis auf die zwei Vorfälle, die ich im Kapitel Homöopathie beschreiben habe, ist Bodo bis heute (2023) frei von jeglichen Allergiebeschwerden geblieben.

Diese Erfahrung habe ich inzwischen mit vielen meiner Patienten gemacht. Wenn man ihn vor den Allergenen schützt und gleichzeitig immunregulierend behandelt, gibt es die Chance, dass seine Körperabwehr sich normalisiert und nicht mehr auf harmlose Umweltstoffe oder Futtermittel überreagiert.

Es gibt kein Null-Acht-Fünfzehn-Programm, jeder Allergiker muss individuell betrachtet und behandelt werden.

Der Weg ist weit, und es geht selten nur bergauf. Aber du weißt nach dem Lesen dieses Buches, wie du dich mit der Krankheit arrangieren kannst. Du bleibst entspannt, wenn es mal wieder zu einem kleinen Rückfall kommt.

Und vielleicht geht es euch eines Tages, wie Bodo und mir, und dein Hund zeigt sich ebenfalls nachhaltig symptomfrei. Ob er dann geheilt ist? Ist Bodo geheilt? Ich weiß es nicht, und passe weiterhin auf, dass ich sein Immunsystem nicht über Gebühr stresse, dass er möglichst gesund frisst und ein ausgeglichenes Leben führt. Bis jetzt – toi toi toi – mit Erfolg.

Genau das wünsche ich dir und deiner Fellnase auch. Gebt nicht auf. Bleibt positiv. Freut euch über kleine Verbesserungen und baut darauf auf. Ihr schafft das.

Von Herzen alles Liebe wünscht euch Annette Dragun mit Bodo

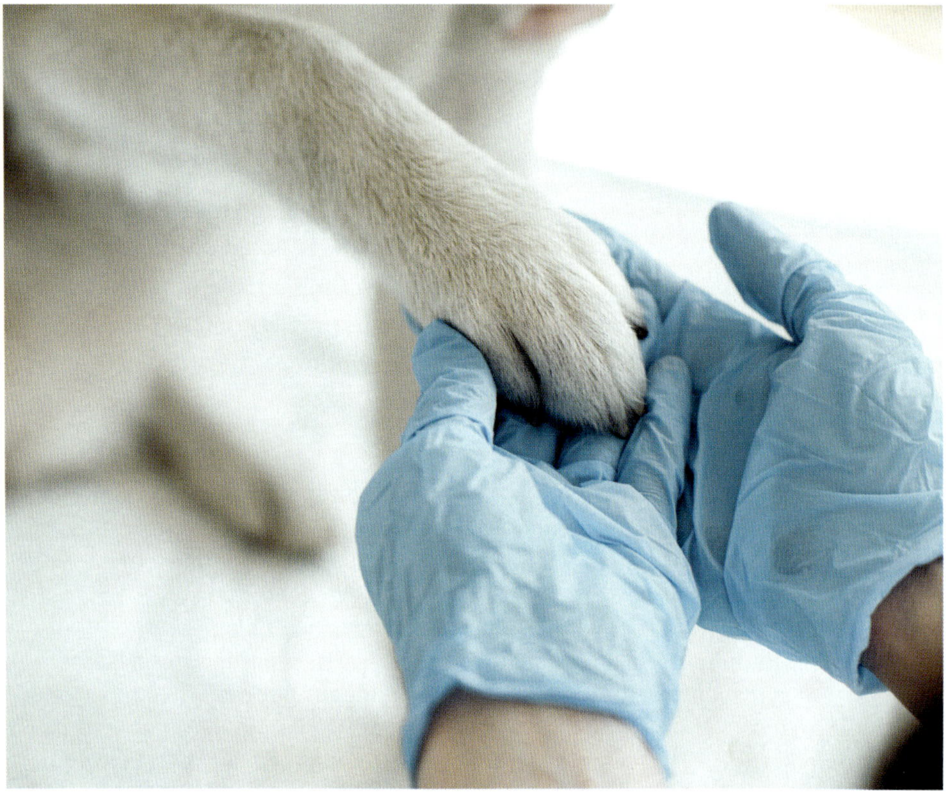

AdobeStock: LIGHTFIELD STUDIOS

15. Anhänge

Tipps für den Tierarztbesuch

(Ich entschuldige mich an dieser Stelle ausdrücklich, dass ich überall nur von dem Tierarzt spreche - selbstverständlich sind Veterinäre beider bzw. aller Geschlechter gemeint!)

„ ... er ist sooo nett!!!" Das habe ich schon öfter als Bewertung eines Tierarztes vernommen. Ich freue mich dann natürlich, dass er sympathisch ist und mit dem vierbeinigen Patienten sanft und freundlich umgeht. Gleichzeitig hoffe ich immer, dass dies nicht seine einzige Qualifikation ist.

Was darfst du von einem Tierarzt erwarten, außer dass er nett ist?

- Selbstverständlich sollte sein, dass er sich Zeit nimmt - auch für vermeintliche Kleinigkeiten. Günstig ist es, wenn grundsätzlich mit Termin gearbeitet wird - natürlich werden „Notfelle" spontan dazwischen genommen.

- Fragen beantwortet er ausführlich und verständlich. Wenn du Fachausdrücke nicht verstehst, frag nach - bis alles klar ist.
- Auf deine Wünsche sollte er eingehen - aber er darf dich trotzdem beraten!
- Er muss nicht alles wissen. Aber er sollte die Größe haben, seine Grenzen einzugestehen und Kollegen um Rat zu fragen oder den Patienten in eine Fachklinik zu überweisen.
- Viele Tierärzte sind auf den erfolgreichen Zug der Naturheilkunde aufgesprungen, um keine Kunden zu verlieren. Wenn der Veterinär damit wirbt, alternative Therapien auszuüben, sollte er auf jeden Fall eine profunde Ausbildung haben und eine Zusatzbezeichnung führen dürfen. Kann er diese nicht nachweisen, wird seine „Homöopathie" unter Umständen aus der Verlegenheits-Verschreibung von Komplexmitteln bestehen, was mit klassischer Homöopathie nichts zu tun hat.
- In einer Klinik mit mehreren Ärzten sollte darauf geachtet werden, dass der Patient nicht bei jedem Besuch einen anderen Tierarzt sieht.
- Alle diagnostischen ebenso wie therapeutischen Maßnahmen erklärt er verständlich und stimmt sie mit dir ab.
- Medikamente werden nicht auf Verdacht gegeben, sondern nur bei gesicherter Diagnose und Notwendigkeit.
- Der Tierarzt erklärt dir VOR Verabreichung, was er spritzen will und warum.

Ich rate dir, immer Protokoll zu führen. Leg für jedes Tier einen Ordner oder eine Akte an. Dort hinein gehören alle Dokumente - angefangen vom Impfpass und Stammbaum (oder andere Papiere, falls vorhanden), Haftpflichtversicherungsschein, Steueranmeldung ... Wenn notwendig, enthält sie auch dein Ernährungs- oder Symptom-Tagebuch. Und eben alles vom Tierarzt:

- Notiere jedes Medikament, das dein Tier einnimmt, mit Datum, Dosierung, Dauer und Grund.
- Werden Bluttest oder andere Analysen durchgeführt, lass dir das Ergebnis ausdrucken und hefte es ab.
- Bekommt dein Tier eine Injektion, schreibe auf, welches Mittel und wie hoch dosiert.
- Notiere, welche Mittel zum Parasitenschutz gegeben wurde, also Wurmkuren und Flohschutz.
- Rechnungen immer ausdrucken lassen.
- Lass dir Röntgenaufnahmen per E-Mail schicken.
- Lass dir die Auswertung bzw. die Erläuterungen bei anderen Diagnose-Techniken (MRT, CT, Ultraschall etc.) schriftlich geben.

Was solltest du außerdem berücksichtigen?

- Gehe ergebnisoffen in die Sprechstunde. Sich vorher via Internet-Foren und Facebook-Gruppen eine Diagnose zurechtzulegen, blockiert dich genau wie den Arzt.*
- Sei sachlich, ehrlich und schildere den Fall ausführlich, ohne ins Schwafeln zu kommen.
- Wenn dein Tier seit Tagen Probleme hat, dann warte nicht bis kurz vor Freitag-Feierabend mit dem Praxis-Besuch!
- Frag, was du selbst für die Genesung deines Lieblings tun kannst, und halte dich an die Anweisungen (z.B. Diät, Bäder, physiotherapeutische Übungen...).
- Erwarte keine Wunder. Löse dich von dem Anspruch, der Arzt habe eine Reparaturleistung zu erbringen.
- Vermeide Therapie-Hopping. Jede Therapie braucht eine Mindestzeit bis zur Wirkung. Wenn du diese nicht einhältst, sondern vorschnell die nächste Maßnahme ergreifst, wirst du nie erfahren, was hilft.

* Den muss ich noch loswerden: Bei Stefan L., einem befreundeten Tierarzt, hatte ein neuer Klient für seinen Hund nicht nur bereits die garantiert richtige Diagnose im Internet gefunden, sondern sagte Stefan beim Praxisbesuch gleich, welches Medikament zu spritzen sei. Der Tierarzt diskutierte nicht, sondern folgte den „Anweisungen" (selbstverständlich war die Maßnahme nicht nur unwirksam, sondern auch ungefährlich). Tage später kam der Klient kleinlaut zurück und ließ sich in Ruhe beraten, wie ein echter Tierarzt im Gegensatz zur Online-Community den Fall beurteilte und therapierte...

Futtermittel-Übersicht

Allergenarme Futtermittel
Eine Allergie kann sich erst nach einer Sensibilisierung zeigen. Als unverdächtig gelten demnach Lebensmittel, die der Hund bisher noch nie zu sich genommen hat. In der Regel kommen für eine Ausschluss- und Suchdiät folgende Proteinträger in Frage:

Strauß	Känguru
Krokodil	Antilope
Ziege	Elch
Wal	Insekten

Noch vor wenigen Jahren konnte man auch Pferd, Kaninchen, Rentier, Wild oder Ente empfehlen. Inzwischen hat die Futterindustrie enorm aufgerüstet, was die Sortenvielfalt angeht. Viele Hundehalter finden es toll, ihrem Liebling „Ente mit Möhrchen in Soße" oder „Zartes Kaninchen mit Reis" zu servieren. Die Auswahl an Proteinquellen für eine Ausschlussdiät verringert sich durch diesen Trend extrem. Tipp: Verzichte darauf, deinem Hund eine zweifelhafte Freude durch Sonntagsleckerli in Form von getrocknetem Straußenfleisch oder ähnlichem zu machen. Lass exotische Fleischsorten aus dem Speiseplan komplett raus für den Fall, dass einmal eine Suchdiät notwendig werden sollte.

Diese **Kohlenhydratquellen** eignen sich für eine Ausschlussdiät – wenn dein Hund sie noch nie oder nur wenig oder vor sehr langer Zeit gefressen hat:

Hirse	Amaranth
Haferflocken	Dinkel
Buchweizen	Bulgur
Süßkartoffeln	Topinambur

Futtermittel, die häufig Allergien auslösen

Proteinquellen	**Kohlenhydrate**
Rind	Reis
Schwein	Mais
Huhn	Weizen
Pute	**Gemüse**
Lamm	Erbsen
Soja	Bohnen
Milchprodukte	Linsen
Ei	Nüsse

In Fertigfutter muss man außerdem an deklarierte und an nicht angegebene **Zusatzstoffe** denken, die zur allergischen Reaktion führen können: Konservierungsstoffe, Antioxidantien,

AdobeStock: dark_blade

Geschmacksverstärker, Lockmittel, minderwertige Fette, Geruchskorrektoren, Antipilzmittel, Farbstoffe. Nicht alle sind auf der Verpackung angegeben! Synthetisch hergestellte Vitamine, Mineralien oder Aminosäuren sind ebenfalls nicht für jeden Hund verträglich.

Dazu kommen möglicherweise **Belastungen** durch Hormone und andere Arzneimittelrückstände, Schimmel, Weichmacher aus Plastikverpackungen, Aluminium oder Blei aus Metallverpackungen, Milben und deren Kot, Insektizide, Pestizide... Wenn möglich, nutze Lebensmittel aus Bio-Produktion, um die Rückstände zu vermindern.

AdobeStock: Satawat, M.Dörr & M.Frommherz

Vegetarische oder vegane Ernährung

Immer mehr tierliebe und/oder umweltbewusste Menschen meinen, dass auch ihr Hund fleischfrei leben kann und muss. Meine Meinung:
Vegane Ernährung ist nicht artgerecht. Man kann den Hund zwar irgendwie mit pflanzlichen Proteinen ernähren. Manche Tierhalter behaupten sogar, das sei gesünder für ihren Hund. Dem widerspricht schon die Anatomie. Der Verdauungsapparat des Hundes ist viel mehr als der des Menschen auf eine Nahrung überwiegend aus tierischen Proteinen spezialisiert. Eine vegane Ernährung halte ich nur für akzeptabel in den seltenen Fällen von multiallergischen Hunden, die überhaupt keine Art von tierischem Protein vertragen. Vegetarische Ernährung mit Ei- und Milchanteilen wird inzwischen von immer mehr Tierärzten als Kompromiss akzeptiert. Ausnahme: Tragende und säugende Hündinnen sowie Hunde im Wachstum sollten artgerechtes Futter bekommen, und das bedeutet einen hohen Anteil an tierischen Proteinen, am besten aus frischem Fleisch. Katzen sind übrigens reine Fleischfresser.
Ohne Kompromiss.

AdobeStock: bondarillia

Allergietagebuch - Futtertagebuch

„Das war doch erst vor vier Wochen?" - „Nein, das ist mindestens 3 Monate her!!!"... Kennst du das? In der Rücksicht oder in der Erinnerung sind Zeiträume unglaublich flexibel. Jeder hat ein anderes Gefühl für zeitliche Abfolgen. Meine Mutter führt daher seit vielen Jahren ein Minitagebuch. Sie notiert täglich in ihrem Taschenkalender stichwortartig die wichtigsten Ereignisse des Tages. Das hat uns schon oft geholfen, wenn es darum ging, wie lange eigentlich der letzte Zahnarztbesuch her war oder ob die Heizungsstörung wirklich erst vor zwei Monaten behoben wurde... Gerade bei chronischen Erkrankungen häufen sich mit der Zeit wichtige Eckdaten. Sehr oft versuchen sich Patientenbesitzer in meiner Praxis zu erinnern, ob die Ohrenentzündung erst seit drei Monaten oder schon über ein Jahr persistiert. Deswegen rate ich dringend, ein Allergietagebuch zu führen. Sinnvoll ist das für jeden Allergiker, unerlässlich bei der Ausschluss- und Suchdiät. Für beide Varianten stelle ich hier einen Entwurf zur Verfügung.

Noch ein Tipp: Manche Medikamente müssen nur wenige Male pro Woche oder Monat eingegeben werden. Schreibe dir diese Fälligkeiten in deinen Terminkalender. Man vergisst so viel, wenn man über 20 ist...

Muster Allergietagebuch

Datum	Futter	NEG/ Medikamente	Symp- tome *	Verhalten, Allgemeinbef.	Tagesablauf
14.8.	Rind, Ka- rotte, Kar- toffel	MSM	+	+++	Hundeschule, sehr motiviert

* z.b. von 0 = symptomfrei bis +++ für starke Symptomatik

Muster Futtertagebuch

Datum	Proteinquelle, Gramm	Kohlenhydratquelle, Gramm	NEGs	Symptome*	Sonstiges **
17.11. morgens	Rind + Knorpel, 100 gr	Karotten, Zucchini, 30 gr	Leinöl, Gelenk- kapseln	0	Ruhige Nacht
17.11. abends	Hühnerkarkassen, 120 gr	1/4 Banane mit Kefir	Mineralmix	+	Nachmittags Panik bei Gewitter, Bachblüten

* z.b. von 0 = symptomfrei bis +++ für starke Symptomatik

** Auffälligkeiten in Verhalten, Tagesablauf, Wetter, Streß,

Glossar

alimentär	fütterungsbedingt
ambiental	aus der Umwelt
Anamnese	Erfragung
Antigene	Stoffe, die eine Immunreaktion auslösen können
Antiphlogistika	Entzündungshemmer
ätherisch	Gasförmig, leicht flüchtig
Atopie	Allergie auf Umweltstoffe
bakterizid	Bakterien abtötend
Dermatitis	Hautentzündung
Diarrhoe	Durchfall
Diathese	Anfälligkeit, Neigung
Disposition	Tendenz, Anfälligkeit
essenziell	Wesentlich, (lebens-)wichtig
Hautläsionen	Hautverletzungen
Histiozytom	Tumorart
Hotspot	Lokale Hautentzündung
hydrolysiert (Eiweiß)	Gespaltene Eiweißmoleküle
hypoallergen	Nicht allergieauslösend, verträglich
idiosynkratisch	Eigentümlich, spezifisch
IgE	Immunglobulin(e) E, Antikörper
IgG	Gammaglobulin, Antikörper
Immunkörper	Antikörper
immunsuppressiv	Hemmung von Immunreaktionen
Infestation	Besiedlung (z.B. mit Parasiten)

Ingredienzien	Inhaltsstoffe
Interaktionen	Zusammenspiel
intrakutan	In der Haut befindlich
Intrakutantest	Haut-Allergietest
Konjunktivitis	Bindehautentzündung
larvizid	Larven abtötend
Lethargie	Interessenlosigkeit, Schläfrigkeit
Lipom	Fettgeschwulst
lokal	örtlich
Lymphadenopathie	Lymphknotenschwellung
maternal	mütterlich
multiple Allergien	viele, unterschiedliche Allergien
nasal	die Nase betreffend
Neoplasien	Neubildungen, Tumoren
Ödem	Gewebsschwellung, Wassersucht
oral	über den Mund
Otitis	Gehörgangsentzündung
Otoskop	Untersuchungsgerät für die Ohren, „Ohrenspiegel"
Peristaltik	Muskeltätigkeit
Persistenz	Fortbestehen
physiologisch	normal, nicht krankhaft
Prävention	Vorsorge
Probanden	Versuchsteilnehmer
Prophylaxe	Vorsorge

Protozoen	Einzeller (hier: Parasiten)
Pruritus	Juckreiz
Pyodermie	eitrige Hautentzündung
repellierend	abwehrend
Resilienz	Widerstandsfähigkei
Saisonal	Zeitweise
Sekundärerkrankung	Folgeerkrankung
synthetisch	künstlich
systemisch	den gesamten Organismus betreffend
topisch	lokal, örtlich
Toxide	Giftstoffe
toxisch	giftig

Die Autorin

Annette Dragun lebt und arbeitet als Tierheilpraktikerin und Autorin nahe Niebüll in Nordfriesland (Schleswig-Holstein). Schon seit 1999 behandelt sie Hunde, Katzen und Pferde mit verschiedenen Naturheilverfahren, unter anderem Phytotherapie, Homöopathie und Akupunktur, Bachblüten- und Organotherapie. Dabei ist ihre Faszination an den Möglichkeiten der alternativen Medizin ebenso groß wie ihre Empathie zu den vierbeinigen Patienten und „ihren" Menschen. Weiter entfernt wohnenden Tierhaltern bietet sie Therapiecoaching an. Wenn sie nicht am Patienten arbeitet oder die eigenen Hunde verwöhnt, geht die frühere Journalistin ihrer zweiten Leidenschaft nach und schreibt für Blogs und Tiermagazine sowie Buchratgeber für Hunde- und Katzenhalter. Als Fortbildungsdozentin für Tiertherapeuten hat sie in den letzten Jahren dutzende Kolleginnen und Kollegen zum Thema Allergien bei Hunden ausgebildet. Auch für Tierbesitzer gibt sie Seminare und Webinare zu verschiedenen Themen.

Mehr: *www.annette-dragun.de* & *www.tierheilpraxis-nordfriesland.de*

<u>Eine Auswahl aus unserem Programm</u>

Im Minerva Verlag sind außerdem erschienen:

Ratgeber Welpen

Mit diesem Buch werden Sie und Ihr Welpe zum Dream-Team!

Wer möchte ihn nicht, diesen angenehmen, freundlichen Hund, der auch ohne Leine stets in unserer Nähe bleibt, den Blickkontakt sucht, sich im Büro geduldig auf seine Decke legt oder entspannt im Restaurant unter dem Tisch ein Nickerchen macht? Wir wollen, dass Sie mit Ihrem Hund die beste Zeit Ihres Lebens haben. Glauben Sie uns, Welpen zu erziehen ist ganz leicht. Es gibt einige wenige Faktoren, die für das Gelingen sorgen. Einige sind allgemein bekannt, andere nicht. Und oft wird zu Dingen geraten, die die Beziehung schädigen und die man besser vermeidet. Wir helfen Ihnen herauszufinden, welcher Hund zu Ihnen passt, was er lernen soll und wie Sie es ihm positiv vermitteln. Wie Sie ihn gesund ernähren, ihn richtig pflegen und in einem Notfall sein Leben retten können. Und wir erklären Ihnen, welche Eigenschaften jeder Hund an einem Menschen bewundert. Denn auch Sie müssen lernen, ein guter „Hundemensch" zu werden. Das wird leider oft vergessen.

Softcover, 132 Seiten. Farbig mit Bildern.
ISBN 978-3-9815634-5-0
15,80 €

Berner Sennenhunde

Verstehen | Erziehen | Führen

Fühlt sich ein Berner verstanden, ist der Rest der Erziehung sein Geschenk an uns.
Ein Berner ist mehr als ein Hund. Er gehört zu den sogenannten Urhunden.
Was das genau heißt? Dieser flauschig-weiche Hund ist der geborene Lügen-Detektor. Ja, er kennt uns besser, als wir uns selbst! Zudem ist er kompromisslos ehrlich. Deshalb scheint seine Erziehung anders, als bei anderen Hunden.
Sie können uns glauben, einen Berner zu erziehen ist ganz leicht. Aber warum gelingt es dem einen so spielend, und dem anderen so gar nicht? In diesem Buch kommen viele Experten zu Wort, die diese Geheimnisse lüften und Sie in die Berner-Welt einweihen.

Wir zeigen Ihnen, wie Sie die Brücke zu seinem Herzen finden und aufbauen. Und dann? Folgt er Ihnen auch ohne Leine überall hin.

Unser Kraftpaket mag so robust erscheinen, aber auch er hat seine Empfindlichkeiten. Berners Schwäche? Die Achillesfersen. Erfahren Sie von einer Hundephysiotherapeutin, wo sie sitzen, wie Sie diese erkennen und warum ein Berner Kraftsport braucht. Damit Ihr flauschiger Riese bis ins hohe Alter stark, entspannt und beweglich bleibt, haben wir für Zuhause das exklusive Berner-Wohlfühl-Training.

Mit diesem Buch lernen Sie, Ihren Berner zu verstehen. Werden Sie gemeinsam immer sicherer. Denn je sicherer Sie sich fühlen, desto mehr entwickeln Sie sich zu dem, was sich jeder Berner wünscht: zu seinem sicheren Hafen!
Gemeinsam mit uns werden Sie ein eingespieltes Team!

Softcover, 132 Seiten. Farbig mit Bildern.
ISBN 978-3-9815634-7-4
15,80 €

15 Punkte, die das Leben mit Hund erleichtern!

Wie schaffe ich es, dass mein Hund mir blind vertraut? Ohne Leine überall hin folgt? Stets abrufbar und treu an meiner Seite steht? Kurz: Wie werde ich mit meinem Hund zum Dream-Team?

Cris Bilinski hat in über 45 Jahren als Hundetrainerin hautnah erlebt, wie wir uns und unserem Hund durch kleine Alltags-fehler große Probleme schaffen. Und sie hat praktische und klare Lösungen an der Hand, die funktionieren. Mit Herz und Sachverstand erzählt sie von 15 Hundeschicksalen, und mit jeder Geschichte entwickeln wir mehr Sachverstand und werden für unseren Hund zu einem besseren Menschen.

Softcover, 84 Seiten, Farbig mit Illustrationen., Handliches Format
ISBN 978-3-9815634-9-8
8,99 €

Minerva Verlag

Hunde tapen

Das Arbeitsbuch
von Alina Nierhaus

12 verschiedene Anlagen - 12 verschiedene Ziele.

Den eigenen Hund therapieren? Behandlungen unterstützen? Sogar Schmerzen nehmen? Hier ist die Lösung: kinesiologische Tapes. Bei Krankheiten des Bewegungsapparates kann jeder mit dem richtigen Taping kräftig zur Heilung beitragen. Taping ist eine einfache und sichere Methode, die jeder Hundemensch zu Hause durchführen kann. Das vielfältige Einsatzgebiet spricht für sich.

Heute wenden 80% der Physiotherapiepraxen Medical-Taping an. Aufgrund ihrer einfachen Handhabung und ihrer herausragenden Wirkung sind Tapes bei Menschen und Hunden sehr beliebt. Die Nachfrage nach Kursen steigt. Erfahren Sie jetzt, wie Sie Ihrem Vierbeiner im Alltag selbst helfen können.

Softcover, 44 Seiten, Farbig mit Bildern.
ISBN 978-3-9815634-8-1
9,80 €

Welpen fördern

Das Praxis- und Anleitungsbuch

Der nächste Wurf steht vor der Tür? Ein Welpe zieht ein? Damit Welpen auf sicheren Pfoten durchs Leben gehen, braucht es drei Dinge: Körperwahrnehmung, Koordination und Gleichgewicht.
Schon kurz nach der Geburt kann man starten, diese zu schulen und zu fördern. In diesem Buch lassen sich einfache Anleitungen zu Übungen finden, die engagierte Züchter und frisch gebackene Welpeneltern selbst trainieren können – für Anfänger, Fortgeschrittene und Profis.

Eine Checkliste hilft, die motorischen Fähigkeiten eines Welpen einzuschätzen. Jede Rasse hat ihre eigene Entwicklungsgeschwindigkeit, daher hilft der Vergleich mit den Wurfgeschwistern. Und wenn man Schwächen feststellt? Zeigt ein Welpe solche, lassen sie sich leicht mit den passenden Trainingsschritten beheben.

Extras:
- Schwimmersyndrom
- Impfreaktionen entgegenwirken

- Interview: Woran erkenne ich eine gute Krankenversicherung?

Softcover, 52 Seiten. Farbig mit Bildern.
ISBN 978-3-910503-00-7
9,90 €

Schmerzfrei ohne OP

Der ganzheitliche Ansatz für Hunde mit Hüftgelenks- oder Ellenbogendysplasie.

Wenn beim Hund HD oder ED diagnostiziert wird, fallen viele Halter aus allen Wolken, scheint doch eine Operation unumgänglich ...
Vor 25 Jahren waren die Begriffe HD oder ED etwas, was man den Hundehaltern erst einmal erklären musste. Eine eher exotische Erkrankung, beschränkt auf einige wenige Rassen.
Heute? Sind Mischlinge und Rassehunde gleichermaßen betroffen. Zahlreiche Hunde werden jährlich an der Hüfte operiert. Reibt Knochen auf Knochen, soll nach Ansicht der Ärzte ein neues Gelenk für Schmerzfreiheit sorgen.
Doch ist diese aufwändige Operation wirklich das einzige Heilmittel? Und hilft sie in jedem Fall?
Es gibt Alternativen, die ein vergleichbares Ergebnis haben und weniger belastend sind. Die Alternative zur OP fußt auf mehreren Säulen, die in diesem Buch ausführlich beschrieben werden, so dass jeder sie Zuhause durchführen kann. Jeder kann diese multimodale Therapie kostengünstig und eigenständig Zuhause durchführen. Und das Beste ist: Sie dient sogar der Vorbeugung.

Softcover, 156 Seiten.
Farbig mit Bildern.,
ISBN 978-3-910503-08-3
16,80 €

Mixed Emotions

Die Kunst, jeden Mischling zu verstehen, Bindung zu schaffen und als Familienhund zu prägen.

Was geht in deinem Kopf nur vor? Haben Sie sich auch schon einmal gefragt, warum Hunde ganz unterschiedlich reagieren? Dieses Buch liefert die Antworten.

Dank der modernen Wissenschaft wissen wir, dass jede Hunderasse ein anderes Gehirn hat. Bei Retrievern ist beispielsweise der Bereich, der mit räumlichem Denken, Koordination und Blickrichtung zusammenhängt, viel stärker ausgeprägt als bei anderen Rassen, beispielsweise den Bulldoggen, die auf eine Vergangenheit in der Hetz- und Kampfszene zurückblicken können. Hier wiederum sind andere Gehirnregionen zuständig für unterschiedliche Reaktionsbereitschaft. Was aber geschieht im Gehirn von Mischlingen, wenn sich in ihnen verschiedenste Anlagen aus unterschiedlichen Rassehunden vereinen? Was treibt sie an? Was motiviert sie? Wie werden sie kontrollierbar? Was nimmt ihnen die Angst? Wie können sie konditioniert werden? Dieses Buch liefert die Antworten. Und hilft so jedem Halter, den eigenen Hund noch besser zu verstehen und auf natürliche Weise einfacher zu erziehen. Denn weil jedes Hundehirn anders ist, profitiert auch jeder Hund von einer individuellen Art der Erziehung.
Tauchen Sie mit Theodor Heßling ein und erforschen Sie die Vielfalt der Hundewelt. Ganz leicht verstehen Sie danach, warum das, was bei dem einen Hund wirkt, den anderen Hund kalt lässt. Werden Sie zum Erziehungsprofi und zu dem Menschen, den Ihr Hund braucht.

Theodor Heßling betreibt seit 1979 die überregional bekann-

te Hundeschule Heßling, die sich u.a. auch der Korrekturerziehung von Hunden mit großem Erfolg widmet. Er ist darüber hinaus mehrfach ausgezeichneter Züchter, Autor, Gerichtsgutachter und Sachverständiger für mehrere Länder in der Bundesrepublik sowie in verschiedenen Verbänden verantwortlich engagiert.

Softcover, 92 Seiten.
Farbig mit Bildern und Klappenumschlag.,
ISBN 978-3-910503-03-8
15,90 €

Follow me

Das Leadership-Praxisbuch für Rudelführer

WIE MAN ZUM RUDELFÜHRER WIRD.

Es gibt geborene Hundemenschen. Jeder Vierbeiner hängt an ihren Lippen, will ihnen gefallen, und läuft ihnen nach auf Schritt und Tritt. Aber was machen diese anders?

Es sind Menschen mit einer Führungspersönlichkeit. Sie bevorzugen einen Erziehungsstil, der eine gesunde Mischung zwischen der autoritären und der antiautoritären Erziehung ist.
Richtige Führung funktioniert, indem wir beide Formen auf gesunde Weise miteinander kombinieren, die Verantwortung für die Beziehung zum Hund übernehmen und unsere Gefühle kontrollieren.
Das Gute daran ist: Mindestens einen Teil davon haben Sie bereits drauf. Ihnen fehlt nur das Gegengewicht.

Das können Sie lernen. Radana Kuny nimmt den Leser an die Hand und stellt ihm einen Ansatz vor, der einen Zugang zum Hund schafft, der einzigartig ist.

„Lesen Sie dieses Buch. Es wird Sie verändern und Ihre Beziehung zu Ihrem Hund auf ein neues Level heben!"

In jedem von uns schlummert eine Führungspersönlichkeit.

Softcover, 156 Seiten mit Umschlagklappe,
ISBN: 978-3-910503-02-1
von Radana Kuny
19,90 €

Magazine über Hunde und Katzen unter www.minervastore.de oder im Handel.

Minerva
Store

Das Buch fürs Vermissen und Trösten!

Ein Erinnerungsbuch für den besten Hund der Welt, das Angehörigen Trost gibt.

Trauer braucht Wertschätzung. Hunde sind wichtig und sie stehen uns näher, als manche Menschen. Die Trauer über ihren Verlust darf sein, sie zu leugnen macht uns bitter.
Dieses liebevoll gestaltete Erinnerungsbuch hilft bei der Trauerbewältigung. Es verpackt den Schmerz in tröstende Worte, hüllt ihn in sanfte Bilder und bannt ihn auf Buchseiten. So verarbeitet, verblasst er mehr und mehr, ganz von alleine und schafft Raum für Neues.

Autorin: Claudia de la Motte

56 Seiten mit vielen liebevollen Illustrationen
Format 10,5 x 14,8 cm
ISBN 978-3-910503-04-5
8,99 €

Minerva
Verlag